用Python编程和实践！

区块链教科书

用Python学习区块链结构和工作原理

[日]FLOC 著

FLOC区块链大学讲师

赤泽直树 执笔

朱迎庆 译

SE SHOEISHA

中国水利水电出版社

www.waterpub.com.cn

·北京·

内 容 提 要

近几年，数字货币、比特币（bitcoin）、挖矿、去中心化、共识机制、加密算法、分布式账本、工作量证明、哈希函数等词异常火热，但谈论它们时都不得不提到“区块链”（Blockchain）。一时间，区块链金融、区块链技术、区块链开发、区块链编程等图书也应运而生。《用Python编程和实践！区块链教科书》就是一本用Python来学习区块链基本原理和技术的区块链入门书籍，先介绍了Python编程和区块链的相关知识，然后带领读者亲自实现一个具备采矿、创世区块的生成等基本结构的简单区块链。本书适合所有对区块链技术感兴趣的计算机专业学生、程序员和对数字货币的底层技术感兴趣的商务人士等。

图书在版编目(CIP)数据

用Python编程和实践！区块链教科书 / FLOC 著；朱迎庆译．— 北京：中国水利水电出版社，2021.6

ISBN 978-7-5170-9413-5

Ⅰ．①用… Ⅱ．①F… ②朱… Ⅲ．①软件工具—程序设计 Ⅳ．① TP311.561

中国版本图书馆CIP数据核字(2021)第026891号

北京市版权局著作权合同登记号　图字：01-2020-7216

Pythonで動かして学ぶ！あたらしいブロックチェーンの教科書
(Python de Ugokashite Manabu Atarashii Blockchain no Kyokasho : 5944-7)

书　名	用Python编程和实践！区块链教科书 YONG Python BIANCHENG HE SHIJIAN! QUKUAILIAN JIAOKESHU
作　者	［日］FLOC　著
译　者	朱迎庆　译
出版发行	中国水利水电出版社 （北京市海淀区玉渊潭南路1号D座100038） 网址：www.waterpub.com.cn E-mail：zhiboshangshu@163.com 电话：（010）62572966-2205/2266/2201（营销中心）
经　售	北京科水图书销售中心（零售） 电话：（010）88383994、63202643、68545874 全国各地新华书店和相关出版物销售网点
排　版	北京智博尚书文化传媒有限公司
印　刷	北京富博印刷有限公司
规　格	148mm×210mm　32开本　7印张　266千字
版　次	2021年6月第1版　2021年6月第1次印刷
印　数	0001—5000册
定　价	89.80元

前　言

区块链技术有望彻底改变现有的商务模式和社会系统，并有可能彻底颠覆金融、供应链、数字媒体和物联网（IOT）等所有领域。为了实现这一重大改变，许多工程师和商务人士在国内外进行着各种尝试和努力。

在这样的情况下，本书本着“技术不应只是局限于一部分人使用，而应该是为了更多的人而存在的”这样的信念，为那些无意中听说了区块链这一名词，想要更深入地理解学习的人们，或将其作为一种知识素养，希望能够一边实践一边学习的人们，我们编写了本书。因此，在编写时为了使学生和商务人士也能够轻松阅读，在内容安排和文字叙述时都下了很大功夫。本书使用的Python是近年来人气很高而且简单易学的开发语言，是一门非常适合一边实践一边作为知识素养而学习的技术。

虽然话是这么说，但进入一个新的领域是需要勇气的。笔者（赤泽直树）非常理解大家的心情。笔者的高中时代在理科班，大学时进入了文理结合的学部。为了“拓展自己的世界”，鼓起勇气选择了自己并不擅长的外语专业。于是，开始辛苦地学习诸如法语和哲学等与理科毫不相关的知识。

通过这些学习经验，笔者掌握了学习新事物的诀窍。那就是首先要把握事物整体的“轮廓”。打个比方来说，在拼图游戏中，都是先从四个角和边缘开始拼的。当然，通过学习每个元素并逐步积累是很重要的，但是在此之前不完全理解也没关系，只要先理解了大框架，后期再坚持下去就能有效地学习并加深理解。

区块链技术不仅仅是一种技术层面的东西，当改变视角时，例如从法律法规或者经济影响去看，就像万花筒一样，能使我们看到各种各样的现象。因此，即使是仅仅掌握其整体的“轮廓”，就已经是一件非常困难的事情了。

本书所涉及的内容是区块链技术中最基本的部分，并将重点放在理解“轮廓”所必需的内容上。因此，本书有很多内容并未涉及。在理解“轮廓”之后，读者能够通过更高级的专业书籍和官方文档来继续深入学习，就像拼图时将图块一个一个地填进去一样，就太好了。

在此感谢本书的读者，在同一时代学习同一种技术是一种缘分，希望本书能成为读者不可或缺的一部分。

赤泽直树

本书适用对象

本书是一本通过 Python 来学习区块链结构和基础知识的书籍。适用的读者有以下几种类型。

- 想了解区块链技术的工程师
- 想用所学 Python 语言来了解区块链结构和原理的读者
- 希望将程序设计语言和区块链技术结合起来学习的商务人士

本书中示例的运行环境及示例程序

书中第 4 ~ 14 章的示例文件在表 1 所示的环境中可以正常运行。第 16 章虽然没有示例文件，但是各种命令在 macOS 环境中已经得到确认，可以正常执行。

表 1　运行环境

项　目	内　容	项　目	内　容
OS	macOS：Mojave 10.14.5 Windows：10 Pro 1803	Python	3.6
CPU	macOS：2.7 GHz Intel Core i7 Windows：3.7 GHz Intel Core i7	NumPy	1.16.4
内存	macOS：16 GB 2133 MHz LPDDR3 Windows：16GB	ecdsa	0.13.2
GPU	macOS：Intel Iris Plus Graphics 655 1536 MB Windows：NVIDIA GeForce GTX 1060 6GB	base58	1.0.3
Anaconda（安装程序）	macOS：Anaconda3-2019.03-MacOSX-x86_64.pkg Windows：Anaconda3-2019.03-Windows-x86_64.exe	requests	2.22.0

本书配套资源下载与服务

本书的配套文件可以按下面的方法下载。

❶ 扫描右侧的二维码或在微信公众号中搜索“人人都是程序猿”，关注后输入 52bkc 并发送到公众号后台，即可获取本书资源的下载链接。

❷ 将该链接复制到计算机浏览器的地址栏中，按 Enter 键进入网盘资源界面（一定要将链接复制到计算机浏览器的地址栏，通过计算机

下载，手机不能下载，也不能在线解压，没有解压密码)。

❸ 如果对本书有其他意见或建议，请直接将信息反馈到2096558364@QQ.com邮箱，我们将根据你的意见或建议及时做出调整。

注意

本书配套文件的相关权利归作者以及株式会社翔泳社所有。未经许可不得擅自分发，不可转载到其他网站上。配套文件可能在无提前通知的情况下停止发布。感谢您的理解。

免责事项

本书配套文件中的内容是基于截至2019年9月的相关的法律。

本书配套文件中所记载的URL可能在未提前通知的情况下发生变更。

本书配套文件中提供的信息，虽然在出版时力争做到描述准确，但是无论是作者本人还是出版社都对本书的内容不作任何保证，也不对读者基于本书的示例或内容所进行的任何操作承担任何责任。

本书配套文件中所记载的公司名称、产品名称都是属各个公司所有的商标和注册商标。

关于著作权

本书配套文件的版权归作者和株式会社翔泳社所有，禁止用于除个人使用之外的任何用途。未经许可，不得通过网络分发、上传。对于个人使用者，允许自由修改或使用源代码。禁止商用，若确有必要用于商业用途，请务必告知株式会社翔泳社。

目 录

第1篇 区块链概要及构成技术

第2篇 Python的基本原理

第3章 Python概要及开发环境的准备 30

第4章 Python的基本语法 39

第 5 章 面向对象及类 56

第 6 章 模块与软件包 62

第3篇 区块链的机制

目录

第5篇 进一步了解有关区块链的内容

第1篇 区块链概要及构成技术

区块链技术是由各种技术结合而成的。首先让我们来认识一下区块链技术的概要及其技术的构成。

第1章 区块链概要及学习意义

自从区块链概念出现以来，随着各种技术上的改进，很多行业及领域都开始探讨区块链的应用。这里让我们针对区块链的概要逐一进行学习理解。

1.1 分布式系统及区块链

区块链并不是突然产生的技术。对于这一点只要看一下分布式系统的特点及其发展历史就会明白了。

1.1.1 集中式系统和分布式系统

软件系统的构造（架构）总体上分为集中式系统和分布式系统两类，如图1.1所示。集中式系统是有一个中心，其他的计算机通过连接这一中心的形式而组成，分布式系统是通过多台计算机互相连接而组成的。根据系统的不同，也有分布式系统和集中式系统共同组合而成的情况，根据各种状况的不同选用合适的系统构造。

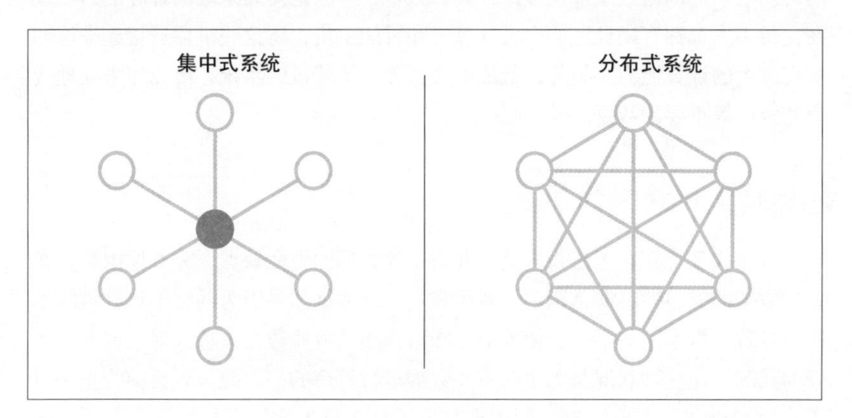

图 1.1　集中式系统和分布式系统

集中式系统和分布式系统的优缺点见表1.1。通过比较，可以看出这两个系统构造有着正好相反的特点

表 1.1　集中式系统和分布式系统的优缺点

	集中式系统	分布式系统
优点	• 灵活对应设计式样的变化 • 快速处理的能力 • 简化设计	• 降低成本 • 不易发生系统故障 • 高度的计算能力

（续表）

	集中式系统	分布式系统
缺点	• 存在单点故障的问题 • 信息收集集中，存在信息安全问题 • 维护管理的技术要求和成本高	• 必须拥有网络 • 协作及通信的成本高 • 程序复杂

在集中式系统中，有着被称为单点故障的问题，即作为中心的计算机不能运行的话，系统整体就会停止（系统停机），并且存在维护管理需要消耗高成本的缺点，但是又具有比较容易维护系统的灵活性、一致性的优点。最重要的是在系统中易于维护数据的完整性。数据的完整性是指数据不存在缺失、错误的特性，这是在系统中拥有可信数据的前提条件。

在分布式系统中，由于系统中的处理任务是由多台计算机共同分担，可以降低成本；又由于不存在单点故障的问题，可以大大降低系统停机发生的可能性。同时，计算能力也能够得到很大的提高。随着计算机整体的计算能力提高的同时，可以通过增加连接的计算机数量，不断地提高系统的计算能力。现在，很多人都拥有高性能的个人计算机和智能手机，将这些机器连接起来能够实现巨大的计算能力。另外，低成本并且无系统停机的系统，可以用来处理货币和资产等重要的数据。

1.1.2 区块链的功能

分布式系统存在无法管理货币和资产等数据的致命缺点。究其原因是其在保持数据的完整性上非常困难。货币和资产的数据如果因为网络上计算机的不同而导致数据不同的话，会使人们不知道该相信哪些数据，造成对数据失去信任的状况，而这种状况是无法对重要数据进行管理的。因此，到目前为止，对于货币和资产等重要数据的管理都是采用易于维护数据完整性的集中式系统管理。

正如前面所述，集中式系统中信息是集中在一起进行管理的，存在单点故障这样的弱点。尽管信息的集中管理是集中式系统管理的优点，但是为了系统的维护管理所必需的技术难度以及成本也是不断提高的，由于信息管理的集中化而造成的信息安全问题也因此凸显出来。

所以，在信息安全问题较少，成本低，计算能力强的分布式系统中，如果能拥有像集中式系统那样的便利性，就能使用两者的优点。由此诞生了区块链技术。区块链技术，可以被认为是具有诸多优点的分布式系统，同时，又像集中式系统那样作为维护数据完整性的技术而开发出来的。从这个意义上看，它是进一步扩展分布式系统可用性的技术，并且因为打开了一扇新技术的大门而受到热切的关注。

1.2 区块链的构造

区块链是将称为区块的数据以串珠的形式连接起来，通过区块的摘要数据将下一个区块接收进来的方式取得数据的完整性。

1.2.1 区块以及链的构造

收集多个交易数据并将其整合在一起，组合成为一个区块进行管理。此时，区块中同时存放了相互关联的多个数据。这些数据称作区块头，如图 1.2 所示区块头是在同一个区块中存储交易数据的摘要数据以及时间戳等标签数据。

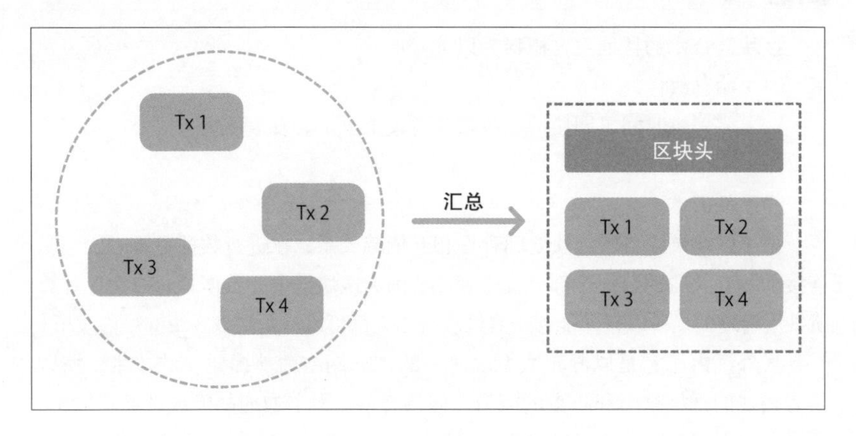

图 1.2　区块生成示意图（Tx 为交易数据）

将这个区块头中被摘要的数据，存储在下一个区块的区块头中后，就生成了从一个区块到前面一个区块的链接。通过这种对所有区块的链接操作，保证了区块链整体的一致性，如图 1.3 所示。

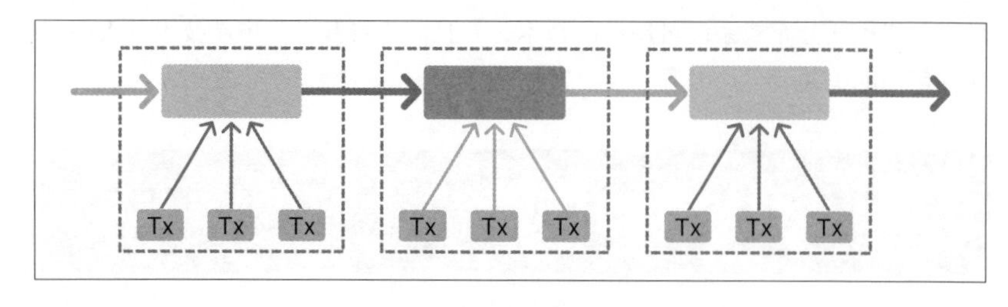

图 1.3　区块间链接

1.2.2 通过大量计算机共同管理

区块链并非通过特定服务器和计算机进行管理，而是通过大量的计算机进行分布式管理。因此，同一区块链数据是通过许多的计算机共同管理的。这种机制称为 P2P 技术，是区块链技术的重要特点之一。

1.2.3 区块链的特征

区块链技术的特征主要概括为以下 4 点。

（1）耐篡改性高。

（2）零停机时间（即使遭遇故障或者攻击也不会发生停机）。

（3）零信任。

（4）低成本。

由于区块链中各个区块之间存在相互依赖关系，在进行数据更改时，与其连接的相互关联的数据全部会发生变化。因为区块链中的数据是通过大量计算机共同管理的，所以任何能够查看区块链的人都可以查看到该区块链被更改了。

另外，由于它是以分布式系统之一的 P2P 网络为前提建立的技术，所以具有较强的抵抗故障和攻击的能力。假设有某台机器遭遇故障或者遭受攻击，通过访问周围其他的节点仍然能够恢复原本的数据，并能够获得未发生故障时的服务。

零信任是指不论利用何种系统来提高服务能力，其需要的信任风险较低。正是由于区块链有高耐篡改性的特点，即使对特定的节点没有信任却仍然可以利用系统的服务。

低成本是区块链的一大特征。以往的系统中要实现具有区块链同等程度的信息安全性，需要花费巨大的成本。另外，由于区块链在任何国家和任何地区都可以利用，使得在以往需要花费大量成本的领域，如国际汇款，其成本也大大地降低了。

1.3 区块链的类型

简单来说，区块链可以分为三种类型。由于它们各自具有不同的特点，可以根据不同的情况来区分利用。

1.3.1 公有链

公有链是指以比特币这样的虚拟货币为代表的区块链，是任何人都可以参与并且连接成网络的区块链，如图 1.4 所示。

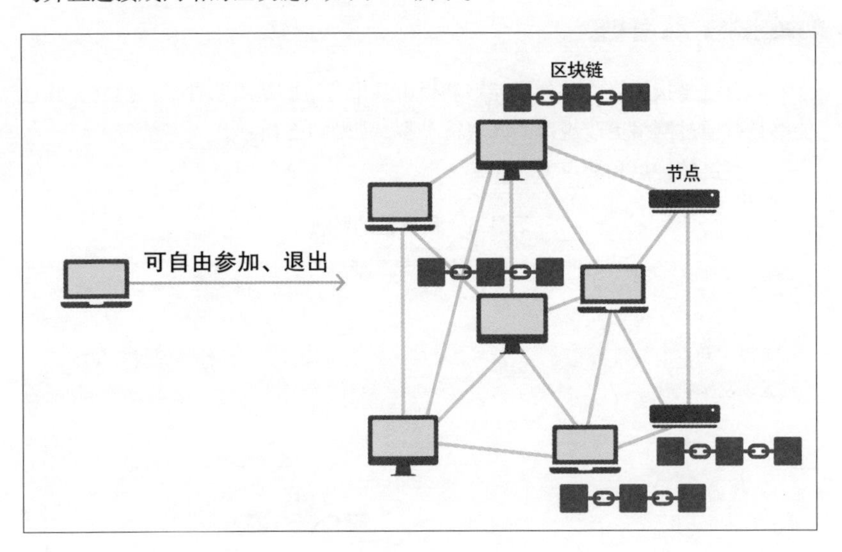

图 1.4　公有链示意图

公有链的优点和缺点见表 1.2。

表 1.2　**公有链的特征**

优　点	缺　点
• 无须管理员（不集中权限） • 高透明度、高公有性 • 依据合法的规则运营（变更规则必须遵守合法性）	• 交易确认速度慢 • 数据容量的问题 • 无法提供最终确定性 • 无法取消 • 不健全的法制法规

由于公有链允许任何人都可以自由地加入网络，在不集中权限管理的情况下，实现了公正公平的环境。同时，由于系统是在大众的监督环境下运营的，因此能够具有高透明度和共享性。在此基础上，任何的规范变更或者交易确认等都将在合法的规则下实施。

另外，公有链也被指出具有诸如交易确认需要耗费时间，以及区块链整体数据的容量不断增加等缺点。再者，无法提供最终确定性也可以看作公有链所特有的问题。所谓最终确定性是指结算完成性，即指结算一旦确定就不能被推翻的性质。在公有链中，当有足够的区块链接的情况下，可以大大降低结算被推翻的可能性，这种时候可以看作交易具有极高的被确定的概率。以比特币的情况来说，如果有 6 个区块链接，大概率上能够获得交易的最终确定性。

1.3.2 私有链

私有链是指网络的参加者能够获得由某个特定的组织或者个人批准，并且能够自行通过网络更改规范的区块链类型，如图 1.5 所示。

私有链的优点和缺点见表 1.3。

表 1.3　私有链的特征

优　点	缺　点
• 确认交易（区块）的速度快 • 可限定共有的数据和范围 • 无须奖励机制	• 透明度、公有性低 • 存在安全性、可用性的问题（存在交易对手风险）

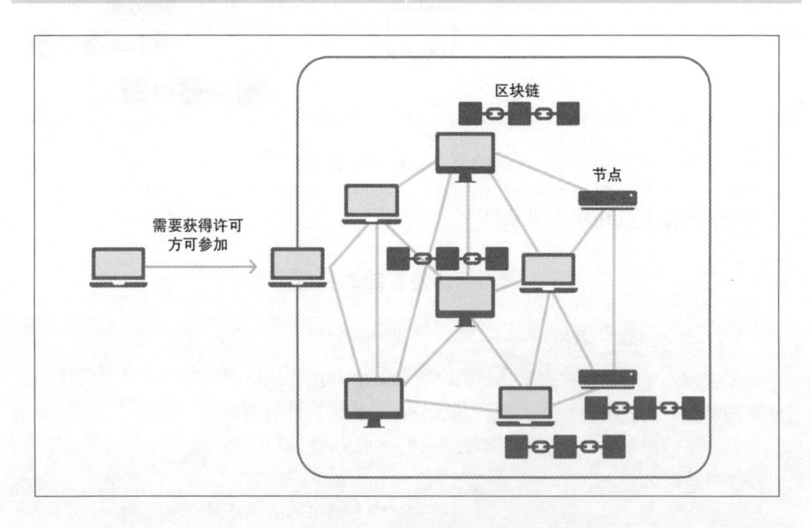

图 1.5　私有链示意图

1.3.3 联盟链

联盟链是指网络的参加者能够获得由无数个组织或者个人批准，并且通过与有限的主体建立共识的方式更改规范的区块链的类型。联盟链是介于公有链和私有链之间的一种区块链类型，如图 1.6 所示。

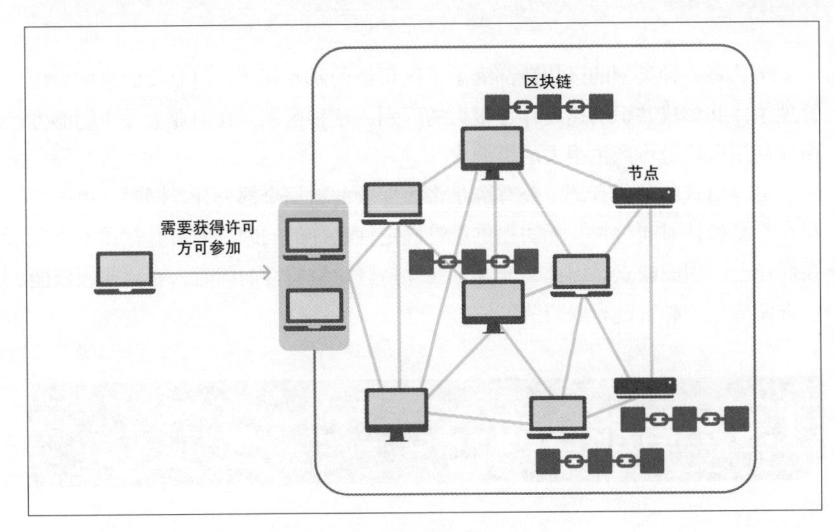

图 1.6　联盟链示意图

联盟链的优点和缺点如表 1.4 所示。

表 1.4　**联盟链的特征**

优　点	缺　点
• 确认交易（区块）的速度比较快 • 可限定信息的公有内容和范围 • 无需激励机制 • 抑制独断专行	• 透明度和公有性较低 • 存在安全性、可用性的问题（存在交易对手风险）

1.3.4 区块链的应用方式

比较公有链，私有链和联盟链，总结得出各种类型区块链的特点，如图 1.5 所示。

表 1.5　各种区块链的比较

链的类型	公有链	联盟链	私有链
管理主体	无	无数个	单个
确认速度	慢	快	快
透明性、公有性	高	比较低	低

虽然每一种类型的区块链都继承了区块链的基本原理，但是我们也能看出管理主体和形成共识的速度存在很大的区别，这种区别对在商业上是否能够方便地使用区块链将产生很大的影响。

最早出现的是公有链，公有链是将大部分的数据全部公开。同时，由于其存在交易确认时间过长，无法提供最终确定性这样的问题，使得其存在不方便在商业上使用的缺点。因此，开发了在保持区块链特性的同时，在商业领域能够方便应用的私有链和联盟链。

1.4 智能合约

区块链技术具有一些独特的性质，平台型区块链和智能合约都是为了使这些特性能够更广泛地应用而开发的。

1.4.1 区块链 2.0 和平台型区块链

区块链最初是作为实现虚拟货币的技术而诞生的。但是，在虚拟货币之外的领域也萌生了利用区块链的想法，而进行了各种各样的研究开发，这被称为区块链 2.0。

平台型区块链的典型例子包括 Ethereum（以太坊）、LISK（巴比特）等。在这些区块链上可以进行编程，可以描述和执行比虚拟货币汇款难度更大的处理。

2013 年，以太坊的开发者之一的维塔利克 · 布特林（Vitalik Buterin），在他 19 岁时就开发出以太坊的原型，目前这一技术也正处于蓬勃发展的态势。他在谈到关于以太坊的创意时说："如果说比特币是计算器的话，那么以太坊就是智能手机。" 以太坊就是一个通过支持编程语言，使任何人都可以自由地发挥想象力来构建程序、可以简单方便地使用的平台。其关键的技术就是智能合约。

1.4.2 智能合约及分布式应用程序

智能合约是指针对合约的当事人之间交换的共识内容，当满足条件时，即使当事人不在场仍然能够自动执行的一种机制。智能合约概念是1997年由美国的法学家、密码学家尼克·萨博（Nick Szabo）提出的，在区块链诞生之前就已经存在了。区块链上的智能合约，由于具有“被记录的合同内容不易被篡改，并且能够自动执行”这样的优点，从而使其变得非常强大。

利用智能合约，能够实现记录处理更加复杂内容的分布式应用程序（DApps）。DApps由于通过灵活应用区块链的特征，可以设计出迄今为止无法实现的用户体验而受到广泛关注。

1.5 区块链的发展史

截至2019年9月，诞生了多种多样的区块链以及周边技术，回顾历史我们可以追溯到比特币的区块链。

1.5.1 区块链初期

20世纪90年代前期～21世纪前期，电子商务被视作一种商业模式，之后出现了被称为互联网泡沫的风潮。由于IT在商业上存在巨大的潜力，所以吸引了大量的投资。

在这种情况下，电子货币的开发也开始盛行起来。1996年，索尼开发了被称为FeliCa的IC芯片，出现了使用各种各样非接触式IC卡的电子货币。

各种信用卡公司也开始致力于在线支付等方面的应用，电子支付的普及逐渐得到了推广。但是，从无论哪一种方式都是需要从特定企业做担保的角度上来看的，它们仍然是集中化管理的组织结构，即集中式系统。

随着时间的推移，P2P技术的开发也变得兴盛起来，并且开始开发以Winny为代表的P2P应用程序。但是，由于时常出现诸如违反版权的数据共享，以及由于病毒传播而无法清除病毒等事件的报道，P2P技术必须解决的问题也由此凸显出来。

乘着电子商务普及的东风，电子支付开始得到普及，集中化管理的问题也逐渐被重视起来，P2P技术也随之受到关注。然而，除非解决P2P技术的问题，否则无法将其应用于电子支付。各种各样的研究人员和技术人员都尝试解决这些问题，但是仍然没有取得所需的成果。在这种状况下，打开突破口的不是别的，正是区块链技术。

1.5.2 中本聪的论文发表

区块链的原型创意是由一个名叫中本聪（Satoshi Nakamoto）的神秘人物于 2008 年 10 月在密码学邮件组列表中以共享的形式突然公开出来的。最初很多人质疑论文的内容，但是有一部分感受到该技术可行性的研究人员和技术人员开始和中本聪进行探讨，于 2009 年 1 月产生了人类历史上第一个区块。顺便说一下，区块链最初产生的区块被称为创世区块。比特币的创世区块存储了以下数据。

- 泰晤士报　2009年1月3日　“英国财政大臣正在研究第二次救助银行”
  The Times 03/Jan/2009 Chancellor on brink of second bailout for banks

由于任何人都可以看到包括比特币在内的公有链上的区块，因此创世区块及上面的数据均可以被确认，如图 1.7 所示。

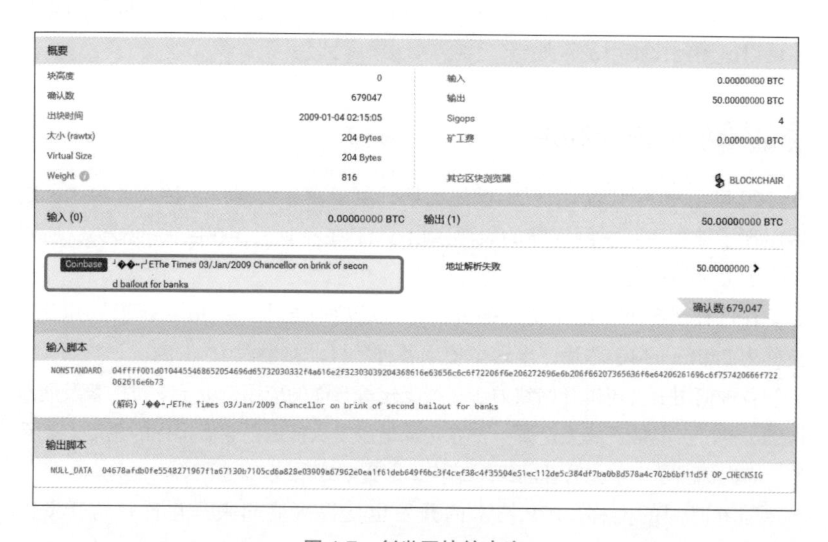

图 1.7　创世区块的内容

URL https://btc.com/4a5e1e4baab89f3a32518a88c31bc87f618f76673e2cc77ab2127b7afdeda33b

在比特币的创世区块中记录这些数据有多种可能的原因，但是可以认为这是包含了对传统金融系统的批评及讽刺。人们认为，比特币的机制解决了针对因为集中化管理而导致的金融系统所投入的税收的失败这样的问题。

之后，在 2010 年 5 月 22 日，比特币的首次使用，是用 1 万 BTC（每单位比特币表示 1BTC）交换了 2 张比萨饼。就这样，比特币逐步普及起来。

1.5.3 阿尔特币的剧增

在比特币知名度逐渐提高的过程中，以比特币的区块链为基础，进一步开发出有所改进并且增加了其他附加功能的新的区块链。由此诞生了比特币之外的被称为“阿尔特币”（Altcoin）的虚拟货币。

最初的阿尔特币被称为 Namecoin（域名币）。比特币本身也分化为各种各样的阿尔特币，2017 年诞生了比特币现金、比特币金币、超级比特币等很多种类。此外，在 2018 年比特币现金分化为比特币 ABC 和比特币 SV。就这样，以比特币的区块链为起点，阿尔特币快速发展起来。

另外，随着阿尔特币的迅速增加，出现了众多的矿工。连接区块的过程称为采矿，而采矿的主体称为矿工。特别是，在采用 Proof of Work（PoW）采矿方式的区块链中，矿工所拥有的机器的运算能力是非常重要的。因此，开发了用于采矿的专用的 ASIC 芯片，加速了采矿的竞争。

1.5.4 平台型区块链的诞生

由于受比特币及其他阿尔特币激增的影响，人们开始探寻区块链的虚拟货币之外的应用方法。2015 年出现了 Ethereum（以太坊），次年发行了 Lisk。由于平台型区块链的大量发布，由此开发出各种各样的 DApps，加快了阿尔特（ALT）币的开发。

同样，在差不多同一时期，ICO（Initial Coin Offering）也盛行起来。ICO 是一种通过首次发行虚拟货币，然后向投资者出售，以此来筹措资金的方法。

由于在此之前的阿尔特币的激增，加上平台型区块链，使得 DApps 和 Token（代币）更加容易开发，从而使这种新的资金筹措的方式备受瞩目。2017 年 ICO 向全世界筹措了 8000 亿日元。这有助于将大量的资金注入区块链的开发。

1.5.5 私有（联盟）链的诞生

正如前文所述，为了弥补公有链的缺点，开发了私有链和联盟链。之后又陆续发布了由 Linux Foundation（Linux 基金会）主导开发的 Hyperledger、由 R3 开发的 Corda 以及由 Tech Bureau 公司开发的 mijin 等，并且出现了在商业领域也使用方便的区块链平台。

1.5.6 区块链及周边技术的多元化

到 2019 年，从基于比特币的区块链的阿尔特币开始，经历了平台型区块链、私有链以及联盟链的发布，出现了多种多样的区块链。今后将以更加快速、更具可扩展性的区块链为目标，开发出各种各样的技术。

1.6 增加的用例

截至 2019 年，为了灵活应用区块链，各种各样的项目正在进行中。为了理解区块链的应用性，下面看几个具有代表性的例子。

1.6.1 提高可追溯性

为了有效利用区块链的抗篡改性和透明度，由此产生了提高可追溯性（追踪的可能性）的项目。如食品、化工燃料、医药品等从生产到最终到达消费者的整个过程（供应链）中，能够检查是否存在不正当行为的系统。随着现代供应链的全球化的发展，在难以对所有的情况进行追踪的状况下，我们期待能够出现打破这种现状的方法。

1.6.2 分布式游戏

由于平台型区块链的诞生，出现了大量的 DApps 游戏。和传统的游戏最大的区别在于，DApps 在游戏的世界观里建立一个经济区，可以在公平透明的环境下买卖所培养的角色和获得的道具。另外，可以有少量的收费，同时期待收费方式能有更大的变化。

1.6.3 参数保险

保险是支付规定的保险费，当生病或发生事故等纠纷时获得保险赔付的一种机制，但是过去很难考虑到生活习惯以及家庭环境的影响，这样就会导致有一种不公平的感觉，因为不论生活习惯和家庭环境如何，保险费都是一样的。通过利用区块链，可以根据个人状况的不同，灵活地设定保险费，赔付也比以往任何时候更加迅捷。

1.6.4 分布式 SNS

截至 2019 年，存在各种各样的 SNS，也正在开发利用区块链的 SNS。为了使用 SNS，必须注册个人信息，但是这些数据的管理和安全性经常受到质疑。如果利用区块链，就能够提高个人信息管理方面的安全性。例如，可以在投稿和点赞等行为上设定一定的报酬，由于有奖励机制，从而可以创建更加活跃的社区。

1.6.5 与 IoT 的结合

虽然 IoT（物联网）已经开始普及，但是通过和区块链的结合，可以进一步激发出 IoT 的潜力。通过利用智能合约，当接收到来自 IoT 端的信号时，可以自动执行特定的处理，这样不需要人工干预就可以操作机器设备。另外，由于可以支付比法定货币还要细小的金额（例如像 0.01 日元这样的金额），预计会对很多商业模式产生影响。

1.7 学习区块链的意义

前面我们介绍了区块链的概要和历史，在开发基于智能合约的 DApps 时，即使不理解区块链的详细技术也能够进行开发。但是，在开发网络应用程序时，如同不理解网络以及服务器等基础设施的概念就无法进行设计和系统维护一样，在开发利用区块链的应用程序时，在理解区块链技术实质的前提下开发是非常重要的。正如我们可以追溯历史一样，区块链技术可以追溯源头至比特币区块链。本书以比特币的区块链为中心，来加深对区块链的理解。

本章习题

问题一

请选择一个有关区块链结构的不正确的描述。

（1）区块链是区块之间以连锁的形式链接而成的。
（2）在区块链的区块中，包含区块头。

（3）只有持有 ASIC 的人才能执行连接区块链上区块的处理。

问题二

请选择关于区块链种类的一个正确的描述。

（1）公有链有最终确定性。
（2）联盟链有最终确定性。
（3）许多私有链都采用 PoW 来确保其最终确定性。

问题三

请选择一个正确的关于区块链历史的描述。

（1）比特币的创意是由中本聪提出的。
（2）平台型区块链是由中本聪开发的。
（3）所有的阿尔特币是由比特币分化出来的。

问题四

请列举 3 种区块链，并分别说明它们的特点。

问题五

请列举一个本书中没有介绍的区块链用例。

第2章 区块链的构成技术

构成区块链技术的核心技术有“加密技术”“P2P 网络”“共识算法”。下面我们来详细地讲解这些技术。

2.1 加密技术

区块链中到处都使用了各种密码技术。在这里我们重点对加密哈希函数、公开密钥加密方式、通用密钥加密方式、椭圆曲线密码学和电子签名等进行介绍说明。

2.1.1 加密哈希函数

加密技术的哈希函数是一种将输入的数值转换为按照一定的规则输出数据的函数。这种函数具有以下 4 个特征。

（1）只能进行单向运算，不具备行之有效的逆运算方法。（不可逆性）

（2）输入的数据哪怕仅有细微的变化，也会导致输出数据发生很大的变化。（机密性）

（3）不论输入数据的长度是多少，都将输出相同长度的数据。（固定长度）

（4）能够方便地从输入数据计算出输出数据。（处理速度）

通过利用这些特征，可以证明数据的正确性，节省数据的容量。

另外，通过哈希函数计算哈希值称为哈希处理，哈希处理也称为摘要（digest）。这是因为不仅仅返回输入数据，同样的会返回具有相同数据长度的输出值。再者，因为能够像指纹一样确认输出值和输入值是否具有一一对应的关系，又称为 Finger Print（指纹）。关于哈希函数，将在第 7 章中做详细介绍。

2.1.2 公开密钥加密方式

加密的过程分为加密和解密两个阶段，如图 2.1 所示。

图 2.1　加密和解密的过程

公开密钥加密方式是使用不同的加密密钥和解密密钥。通过使用私密密钥和公开密钥实现公开密钥加密方式。私密密钥和公开密钥分别发挥不同的作用，私密密钥是自己所持有并且绝对不能泄露给他人的密钥，公开密钥是广泛公开的密钥，如图 2.2 所示。

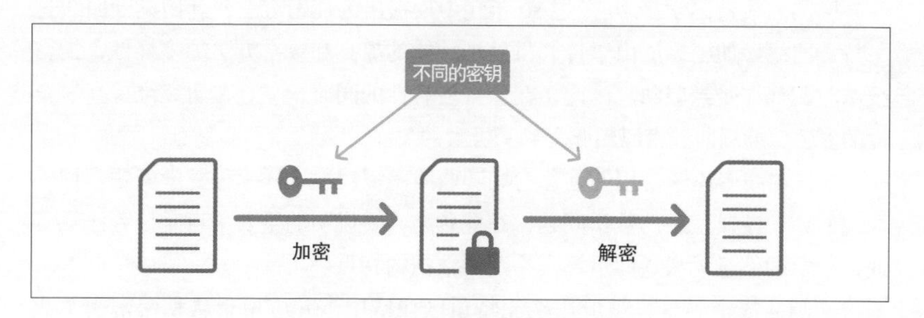

图 2.2　公开密钥加密方式

这里，私密密钥和公开密钥的重要特征是，通过公开密钥无法逆向运算得出私密密钥。否则，如果不告诉其他人的私密密钥信息，却能够通过任何人获得的公开密钥而进行推算确定，那么这种加密技术就没有意义了。

比特币区块链使用的是公开密钥加密方式，可用于地址的生成和交易数据的处理等各种各样的场合中。

2.1.3 通用密钥加密方式

通用密钥加密方式和公开密钥加密方式是不同的，通用密钥加密方式是使用相同的密钥进行加密和解密，如图 2.3 所示。由于在通用密钥加密方式中加密和解密的过程使用相同的密钥，密钥安全地和另一方共享是非常必要的。另外，由于存在多少共享数据的人就需要有多少个密钥，因此存在这样一个缺点即随着共享人数的增加，管理也将随之变得繁杂。为了克服这个缺点，开发了前面已经介绍过的公开密钥加密方式。

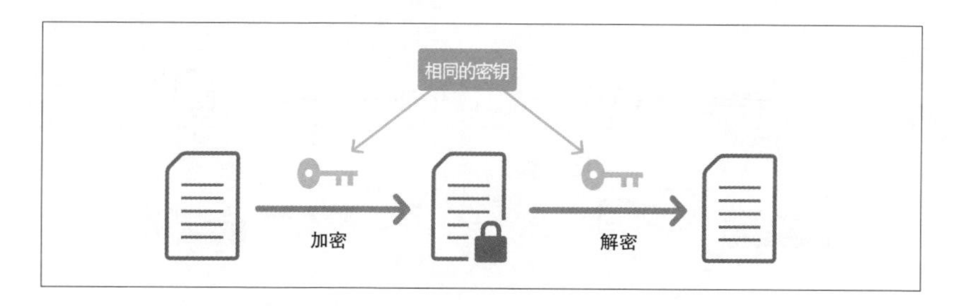

图 2.3　通用密钥加密方式

2.1.4 椭圆曲线密码学

椭圆曲线密码学是 20 世纪 80 年代中期提出的加密方法，利用椭圆曲线这一特殊曲线。加密算法由于计算机处理性能的提高和攻击方法的多样性，加密技术时刻都在受到威胁。因此，在保持便利性的同时，一直在研究维持高安全性的方法，椭圆曲线密码因此受到了极大的关注。

椭圆曲线密码学使用的是称为椭圆曲线离散对数这样一种数学问题。详细介绍的话，涉及复杂的数学问题，在此省略，要说明的重要一点是该算法具有通过给定的信息无法逆向运算出特定的数据的特点。

椭圆曲线密码学也被应用在比特币区块链中，并应用于从私密密钥生成公开密钥的情况。

2.1.5 电子签名

电子签名是用于验证数据确实是由特定作者生成的技术。在任何人都能够利用电子计算机的时代，任何人都可以复制数据或者修改数据，因此为了证明（签名）数据是由特定的人生成的，这种密码技术就成了必不可少的技术。电子签名的示例如图 2.4 所示。

电子签名的程序如下。

（1）生成需要传送的数据。

（2）通过利用哈希函数，将需要传送的数据进行哈希处理。

（3）加密哈希值。

（4）将需要发送的数据以及加密的哈希值都发送给对方。

（5）接收数据的人对发送来的数据进行哈希处理以获得哈希值。

（6）通过解密将包含有加密数据而求得的哈希值和自己求得的哈希值进行比较，以确认是否是相同的数据。

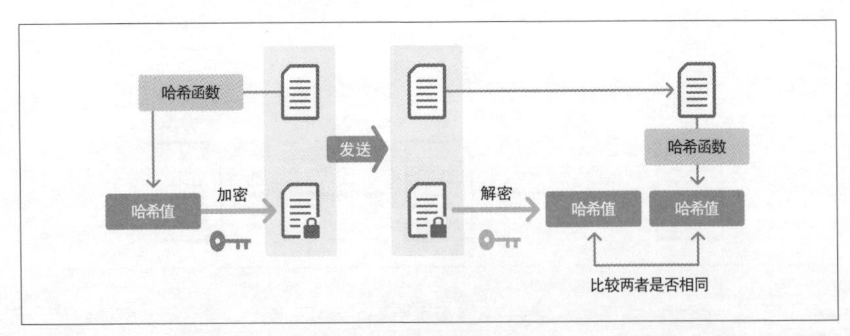

图 2.4　电子签名的原理

通过阅读上述内容，可以理解哈希函数以及公开密钥加密方式等各种加密技术的使用方法。比特币区块链中用它来证明汇款数据确实是由汇款人所生成的。

2.2 P2P网络

区块链技术是在 P2P 网络的前提下建立的技术。理解 P2P 技术对于理解区块链的发展非常重要。

2.2.1 什么是 P2P 网络

P2P 网络是由被称为 Peer（对等者）的处于对等地位的计算机彼此连接而成的网络如图 2.5 所示。此时，P2P 网络上的计算机称为“节点”。

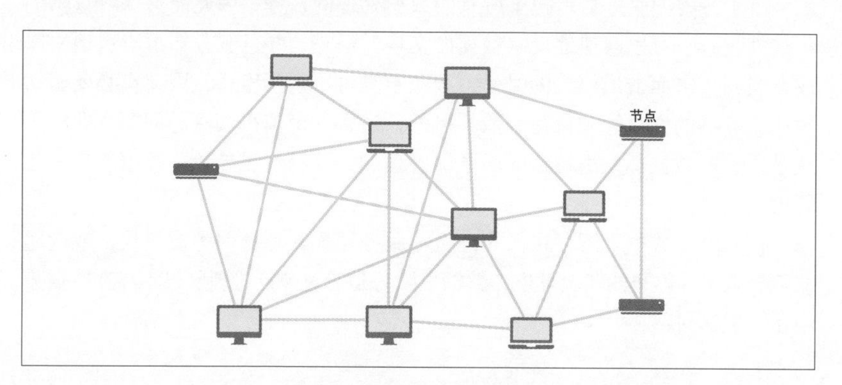

图 2.5　P2P 网络示意图

作为 P2P 的特点，这里可以列举出诸如“系统不会停机”“具有高度的网络分散耐性”“维持数据一致性比较困难”等特点。

2.2.2 与客户机—服务器模式的比较

和 P2P 网络模式完全相反的一种模式称为“客户机—服务器”模式。这是一个事先准备的特定服务器，所有接收服务器服务的计算机都是通过访问该服务器来读取 / 写入数据的，如图 2.6 所示。

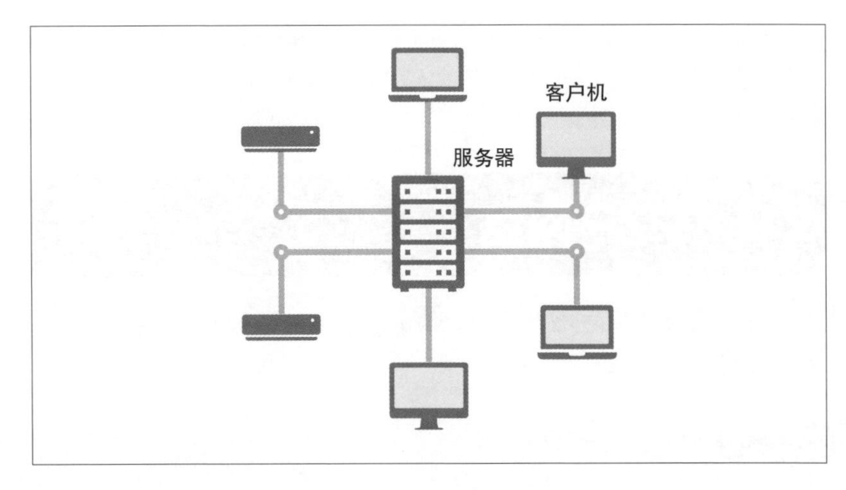

图 2.6　客户机—服务器模式示意图

由于特定的服务器承担了所有的数据处理的任务，因此能够保持数据的一致性，并且可以高速地反映数据的交换。但是，一旦服务器由于遭遇故障或者受到攻击而造成停机的时候，服务本身将不得不停止，因此有必要密切关注服务器的安全性和负荷分散。另外，还有一个值得关注的问题，即由于几乎所有的数据都是由特定的服务器管理的，这种情况导致了数据的集中化管理。

在 P2P 模式中，不存在像客户机—服务器模式那样因为遭受攻击或遭遇故障导致服务停止的状况发生，数据也因为是通过节点管理所以不存在数据集中化管理的问题。

2.2.3 区块链中的 P2P 网络

让我们仔细看看区块链技术中的 P2P 网络，如图 2.7 所示。

分布在世界各地的计算机都连接在区块链中。同样，就比特币而言，世界上每秒会产生数十笔交易数据，这些数据也同样不间断地在网络上传输。

区块链中的交易数据，像接力赛一样从一个节点传递到另外一个节点，并在整个网络上传输。此时，在节点之间进行着信息的交换，并且执行诸如连接确认和发送数据的内容的确认等通信。

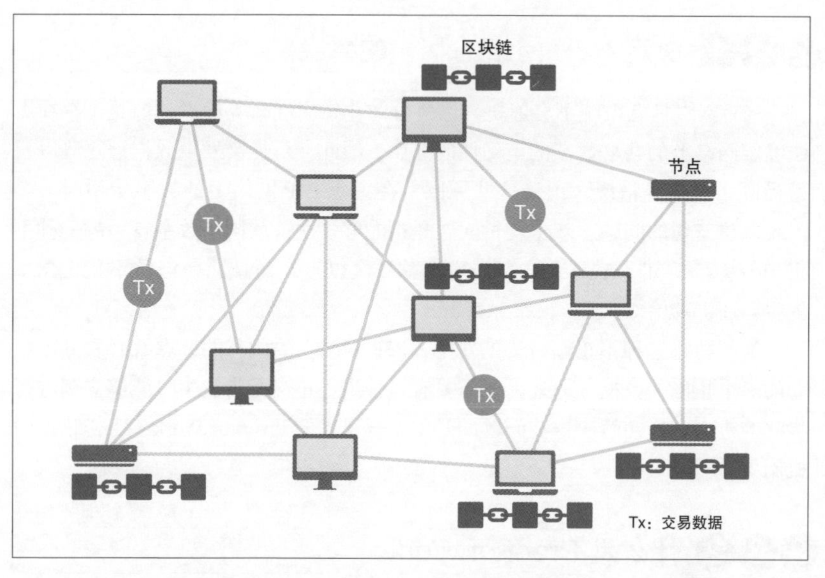

图 2.7　区块链技术中的 P2P 网络

2.2.4 全节点与 SPV 节点

构成区块链的 P2P 网络的节点主要有两类：全节点（Full Node）和 SPV 节点（SPV Node）。

全节点是保存有区块链上所有数据的节点。由于全节点保存有到目前为止所有的交易数据在内的所有数据，因此可以单独通过该节点验证整个区块链数据的完整性和交易的正确性。但是，整个区块链上的数据会随着时间的推移越来越多，截至 2019 年 9 月大约为 200GB，因此，除非计算机具有足够的容量，否则按当时现状很难成为全节点。另外，SPV 节点是仅仅保存有区块链的区块头的信息的节点。不足部分通过访问全节点来进行补充。由于数据容量可以减小到全节点的大约千分之一，因此在一般的终端上很容易进行处理。

2.3 共识算法

在 P2P 网络上决定数据正确性的过程称为共识算法（Consensus algorithm）。共识算法对于区块链技术的实现是必不可少的。

2.3.1 决定 P2P 网络的唯一的事实

P2P 网络具有系统不会停机，网络分散化、耐性高等优点，但是也存在无法确定网络上的共享数据的正确性的缺点。因此，可能会发生数据被篡改以及遭受网络攻击等情况。由于这些原因，在考虑 P2P 网络上的数字货币时，会出现双重支付的问题。双重支付问题是指能够多次汇款同一数字货币的一种不正当行为。例如，A 先生给 B 先生汇款 2 次以上，而且同一汇款不仅汇给 B 先生，还汇款给 C 先生。

为了防止这种不正当行为的发生，P2P 网络上的所有的节点有必要共享唯一的一个正确的数据。另外，还需要有一种当不正当行为发生时能够立刻进行检测的机制。最初解决这些问题的是中本聪提出的 Proof of Work（工作量证明机制）。

2.3.2 什么是 Proof of Work

Proof of Work（PoW）是指通过不确定多数的计算机进行运算以确保区块链整体的完整性和一致性的一种算法，如图 2.8 所示。具体来说，即汇总交易数据的摘要以及时间戳等数据。将该数据加上“随机数（Nonce）”，通过哈希函数计算哈希值。通过更改 Nonce 来执行计算，直到哈希值小于某个一定值（目标值）为止。执行这种计算的过程称为“采矿”，执行采矿的主体称为“矿工”。这里的时间戳和 Nonce 汇总起来成为区块头。

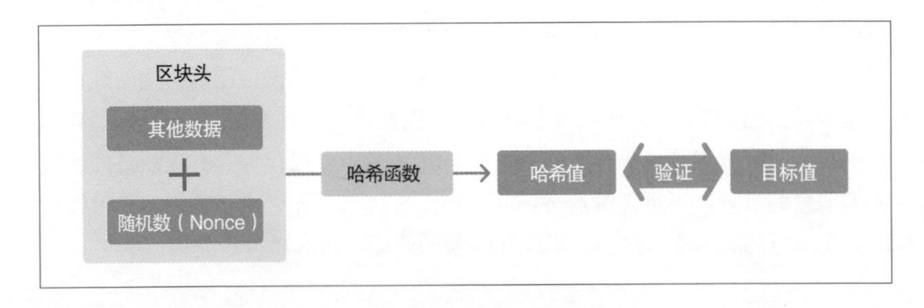

图 2.8　PoW 的流程

由于非随机数的数据是固定的，因此只能够通过一点点变更随机数进行计算。但是，由于哈希函数的特点，即使输入值发生很小的变化，也会使输出的哈希值发生很大的变化。因此，基本上无法推算出比一定值小的随机数。所以，“矿工”别无他法，只能使用“蛮力破解”的方式计算这一随机数。

如果能够发现符合条件的随机数，表示采矿成功，采矿成功的矿工可以获得采矿奖励。截至 2019 年 9 月，比特币采矿的奖励是 12.5BTC（约 750 万日元）。

2.3.3 Proof of Work 的流程

PoW 的大致流程如下。

（1）接收并记录网络上传送的交易数据。

（2）汇总交易数据生成区块。

（3）通过逐渐改变随机数执行大量的哈希计算。

（4）发现符合条件的随机数的矿工，完成区块并且通知其他的节点。

（5）其他的节点验证区块的内容以及随机数的正确性。

（6）如果随机数是正确的，则完成区块的矿工将获得奖励。

2.3.4 哈希能力与难易度调整

区块链网络上的计算能力称为哈希能力。以比特币为例，其哈希能力逐年增长，整个网络整体的计算能力超过了全球排名前 50 位的超级计算机的计算能力的总和，如图 2.9 所示。通过执行这样大量的计算，可以维持整个区块链的完整性。

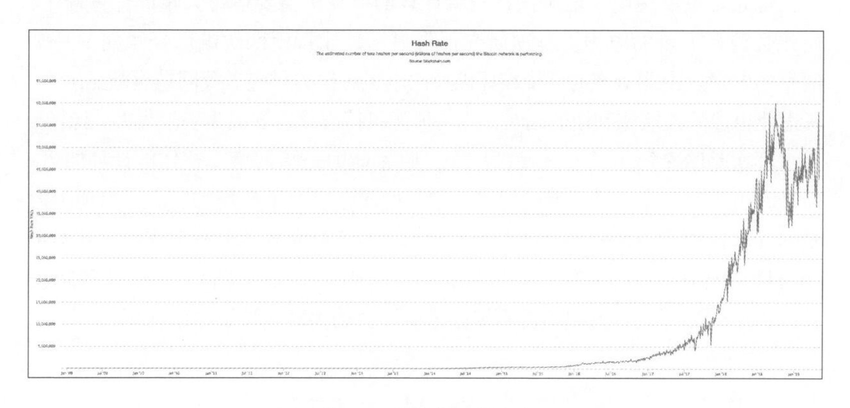

图 2.9　哈希能力的演变

另外，设置采矿的难易度级别（Difficulty），这样做是为了防止由于哈希能力提高而使得挖掘变得非常迅速，或者由于哈希能力变小导致挖掘速度变慢而设定的。 PoW 中的难易度级别是指定一个包含随机数在内的区块头的很小的哈希值。由于值越小条件越苛刻，计算哈希值需要花费的时间越多。

以比特币为例，难易度级别被设定为挖矿每 10 分钟成功一次，并且每次成功生成的 2016 个区块都会自动进行调整。同时，由于难易度级别基本上是根据哈希能力进行调整的，因此哈希能力和难易度级别的增加程度是非常相似的，如图 2.10 所示。

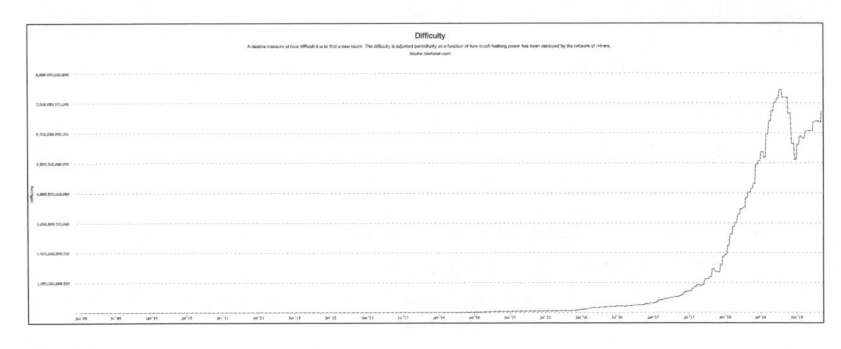

图 2.10　难易度级别（Difficulty）的演变

2.3.5 Proof of Work 的弱点

PoW 通过不确定数量的多台机器进行哈希计算以维持区块链整体的完整性，防止不正当行为的发生。但是这里存在两大弱点。

首先是过度用电。由于执行哈希计算的计算机需要运行大量的计算程序，由此会消耗大量的电力。一项研究报告显示，比特币区块链已经消耗了一个国家的电量。由此造成的环境破坏以及缺电地区电力供应难等问题也凸显出来。考虑使更多的人能够利用的同时，维持能源可持续化发展成为一个很大的课题。

其次是哈希能力的寡头垄断问题。哈希能力是指网络上整体的计算能力。但是，由于专用于哈希计算的芯片 ASIC 的诞生以及采矿场的兴起，出现了大量的计算资源集中在一部分矿工上的现象。对于分布式的公有链来说，并不希望将计算能力集中在一部分的矿工那里。另外，由此引发的 51% 攻击等攻击在理论上成为可能，人们不得不担心这可能会动摇对区块链的信任度。

说明

51% 攻击

怀有恶意的个人或者组织，通过控制网络整体的 51% 的计算能力，从而进行拒绝正当的交易等网络攻击的行为，目前还没有有效的解决方案。

2.3.6 其他的共识算法

PoW 解决了 P2P 网络上的问题，但同时引发了电力的过度使用以及哈希能力的寡头垄断问题。为了克服这些弱点而开发出了各种各样的共识算法。每种算法都有各自的优点和缺点，没有哪种是完美无缺的，但是都有一个共同的目标，即维持区块链的完整性，见表 2.1 所示。

表 2.1　其他的共识算法

	PoS	DPoS	PoI	XRP LCP
概要	根据代币数量的变化，PoW 的成功概率也随之发生变化	根据节点投票决定批准哪个节点	根据代币数量和交易量进行评价	通过指定的组织进行批准
优点	低成本	低成本、高速	确保流动性	批准的高速化
缺点	流动性低、持有代币量大者有利	可能造成集中化管理	需要持有一定量的代币	可能造成集中化管理
例	ADA	EOS	NEM	Ripple

本章习题

问题一

请选择一个正确描述关于区块链中密码技术的选项。

（1）在公开密钥加密方式中，使用被称为公开密钥的密钥来执行加密和解密。

（2）无论输入值是否发生变化，哈希函数都不会改变输出值的长度。

（3）采矿时需要使用电子签名。

问题二

请选择一个正确描述关于区块链中 P2P 技术的选项。

（1）网络上分布着包含交易数据的各种各样的数据。
（2）参与比特币的网络的所有节点都是全节点。
（3）网络上的数据始终通过特定节点进行分发。

问题三

请选择一个关于 PoW 的错误的描述。

（1）在 PoW 中，成功进行采矿的矿工将获得采矿奖励。
（2）在 PoW 中，采矿成功率根据所拥有的代币数量而变化。
（3）在 PoW 中，不确定多数的矿工努力寻找满足条件的随机数。

问题四

请选择一个正确描述在 EOS 中使用共识算法的选项。

（1）PoW
（2）PoS
（3）DPoS

问题五

请选择一个正确定义参与 P2P 网络的各个计算机的术语。

（1）客户机
（2）节点
（3）服务器

第

Python的基本原理

篇

在本书中，我们将使用 Python 来运行程序。在正式学习区块链的内容之前，我们先来学习一下 Python 语言。

第3章 Python概要及开发环境的准备

在本书中，我们将使用 Python 来实际动手学习有关区块链和相关技术的知识。在这里，我们先来看看 Python 概要以及开发环境的构建。

3.1 为什么选择Python

Python 是 1991 年出现的一种通用性很强的编程语言。简单的代码使其具有较高的可读性，并减轻了编写者和读者的负担。因此，以 Google 公司为首的企业正在积极地采用它。

由于它的强通用性，它被广泛地应用于从开发应用程序到科学计算的各个领域中。甚至越来越多地应用于人工智能的开发中。在这种背景下，2021 年 3 月，它在基于名为 TIOBE 的搜索引擎创建的受欢迎度排名榜中排名第三。此外，根据软件开发平台 GitHub 发布的报告，它在用户排名中排名第三。

在本书中，使用这样一种用户越来越多、人气越来越高的程序设计语言——Python 进行讲解，是为了让更多的人可以体验区块链的机制。

Python 有两个版本，2 系列和 3 系列，由于 Python 官方已经停止了对版本 2 系列的支持。在本书中，我们将以版本 3 系列的 3.6 为基础进行介绍。

3.2 开发环境的构建

可以使用功能强大的工具 Anaconda 来构建使用 Python 的开发环境。

3.2.1 什么是 Anaconda

在本书中，使用称为 Anaconda 的工具来运行程序。目前发布有数量非常多的 Python 程序包，除了在本书中所介绍的区块链技术之外，还可以用于机器学习、数据解析以及网络应用开发等各种场合。由于其通用性高，所需的程序包的安装变得非常复杂，并且有时候还需要另外单独构建虚拟环境。

Anaconda 是一个 Python 的发行版本，它可以一次性构建 Python 的开发环境，是一个能够打包安装众多软件包的优秀的发行版本。尽管它是数据分析和机器学习等领域中常用的工具，由于它使构建虚拟环境变得容易，所以在这里我们仍然建议初学者使用。

3.2.2 安装 Anaconda 时的注意点

安装 Anaconda 时需要注意以下两件事。

第一，使用 macOS 的用户在安装 Anaconda 时可能会干扰 Homebrew。通常这种情况是不会发生问题的，但是为了能更好地使用 Homebrew 或者不想“污染”本地环境的话，请尝试使用 Python 版本控制工具 pyenv 安装 Anaconda。通过使用 pyenv 可以在某种程度上降低干扰的风险。

第二，Anaconda 引入了自己的工具 conda 作为软件包管理工具。像 pip 一样，conda 是用于安装和卸载软件包的工具，它使用专有的方法来节省空间，并且两者不兼容。因此，如果您同时使用 pip 和 conda 安装软件包，软件包之间可能会发生冲突。因此，为了在某种程度上减轻这种风险，请选择 pip 或者 conda 中的一个工具使用。由于本书中所有内容都是通过 pip 安装的，因此，如果要使用 conda，请另外构建虚拟环境分开来使用。

3.2.3 Anaconda 的安装方法

Anaconda 的安装方法非常简单，请按照以下步骤操作。对于 macOS、Windows 和 Linux，此过程相同。

（1）访问 Anaconda installer archive 官网。

（2）下载 Anaconda3-2019.03 版本。

3.2.4 安装顺序

从下面的 URL 访问 Anaconda installer archive 的网站，下载带有所使用的 OS 名称的 Anaconda3-2019.03 版本的安装程序。

Anaconda installer archive

URL https://repo.anaconda.com/archive/

在本书中，Python 版本固定为 3.6。下载后，请像其他软件一样按照安装步骤进行操作。

3.2.5 使用 Anaconda 创建虚拟环境

安装后，创建一个开发环境。启动 Anaconda Navigator，然后单击左侧的“环境”（Environments）按钮，如图 3.1 所示。

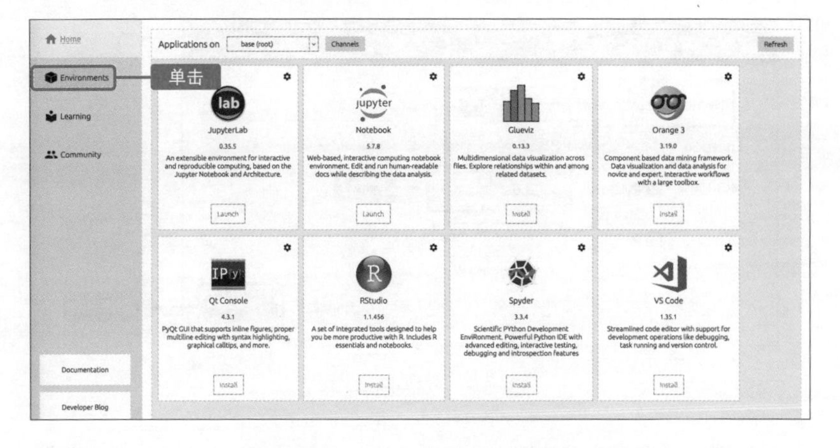

图 3.1　单击 Environments 按钮

单击“创建”（Create）按钮以创建新的虚拟环境，如图 3.2 所示。

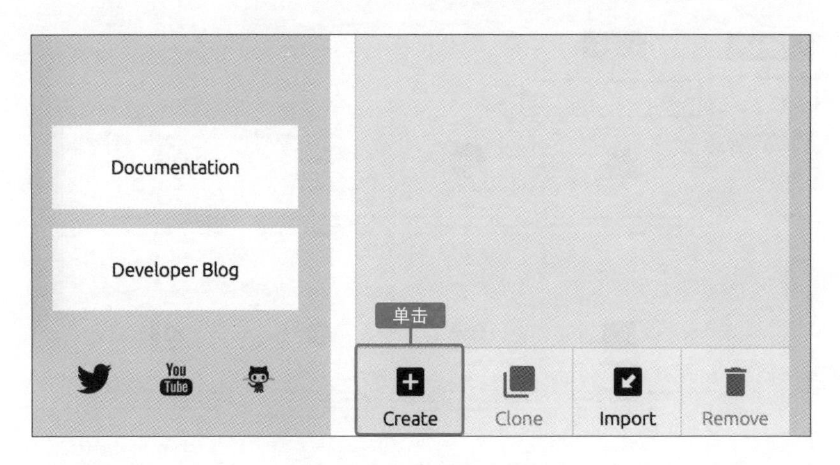

图 3.2　单击“创建”（Create）按钮

然后，弹出输入窗口输入环境的名称和 Python 版本，在此设置你喜欢的名称（此处为 blockchain），如图 3.3 所示，并指定 Python 版本为 3.6。单击“创建”（Create）按钮，稍等片刻虚拟环境将启动起来。

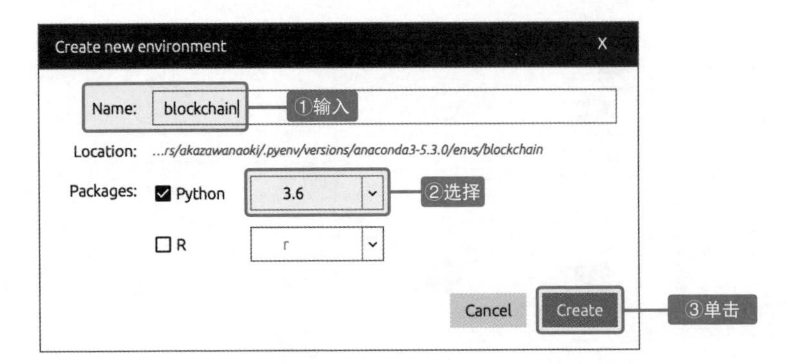

图 3.3　创建虚拟环境

接下来，让我们启动能够方便编写 Python 程序的 Jupyter Notebook。首先，单击左列中的“主页”（Home）按钮，返回主页屏幕，如图 3.4 所示。之后，刚才创建的虚拟环境应该处于选定状态。

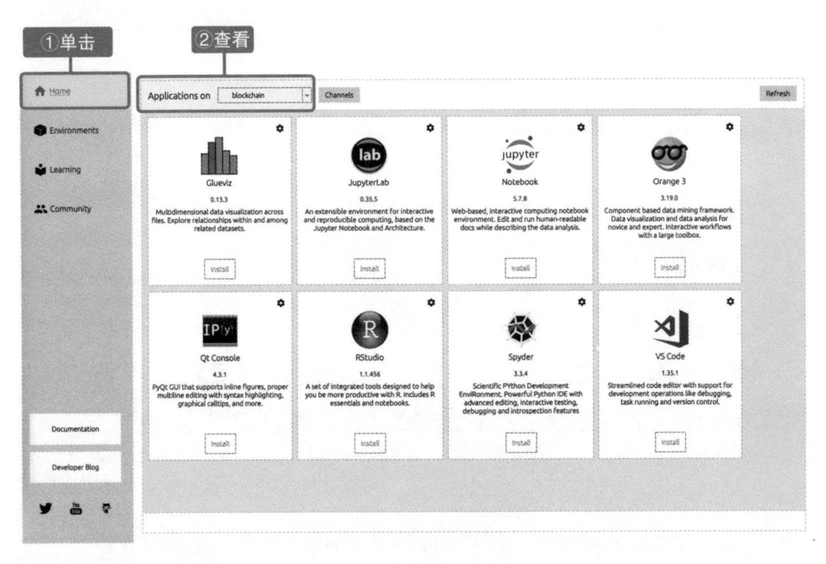

图 3.4　查看虚拟环境

如果不同，请从“应用程序”（Applications on）的下拉列表中选择你创建的虚拟环境名称，如图 3.5 所示。

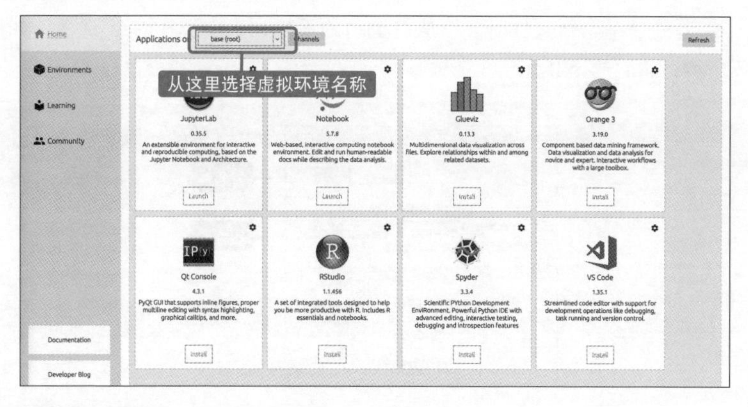

图 3.5　下拉列表

然后在 Jupyter Notebook 中单击“安装”（install）按钮，就开始安装了，如图 3.6 所示。安装完成后，显示为“启动”（Launch），单击此按钮后将在浏览器中启动程序。启动后就可以在 PC 上选择目录，并可以移至您选择的文件夹中。

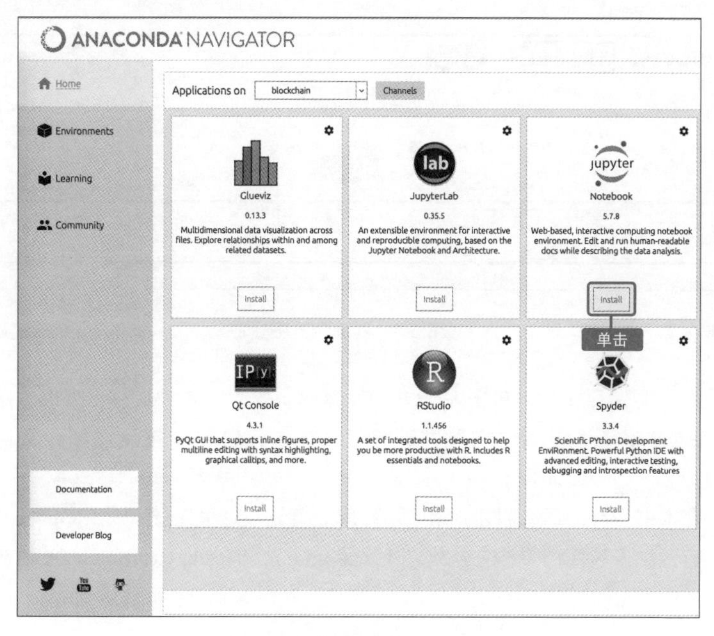

图 3.6　安装 Jupyter Notebook

需要创建一个新文件时，请从右上角的下拉列表中选择 New 选项，如图 3.7 所示，然后选择 Python 3 选项。

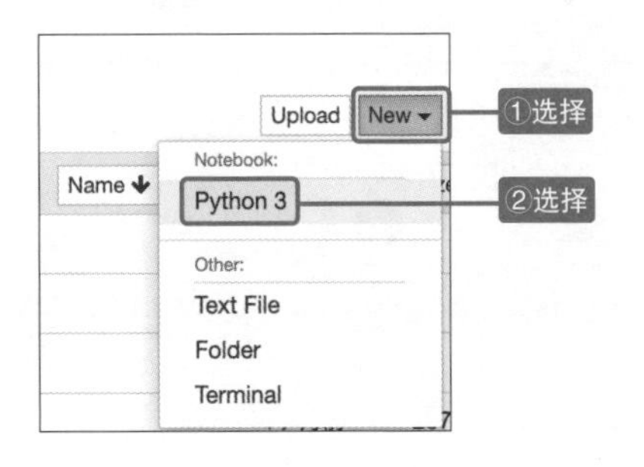

图 3.7　创建新文件

随后，将出现如图 3.8 所示的界面，并且可以进行编程。您可以在单元格中输入代码，然后按 Shift + Return（Enter）组合键执行代码。由于可以一边检查执行结果，一边进行编程，因此可以相对迅速地找到错误的位置。可以通过单击“无标题”（Untitled）部分来编辑文件名。

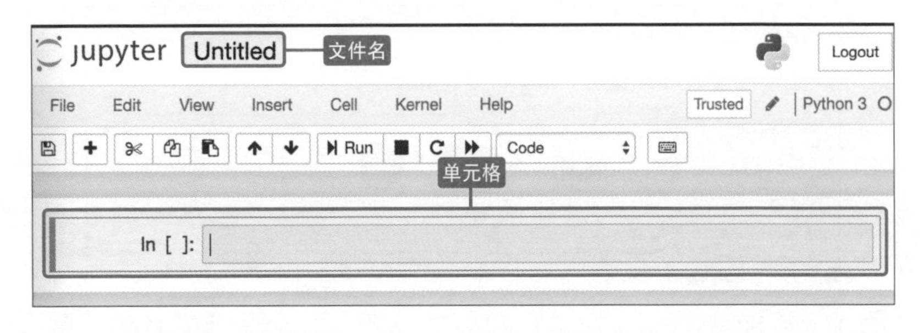

图 3.8　界面示意图

如果要保存文件，单击左上方的软盘图标，再单击“文件”（File）按钮（见图 3.9），最后选择“关闭并暂停”（Close and Halt）按钮以保存文件并退出。

在本书中有一章追加并介绍了一些库。首先在这里先介绍一下库的安装方法。有两种安装库的方法：从终端上安装的方法和在 Jupyter Notebook 命令行上安装的方法。

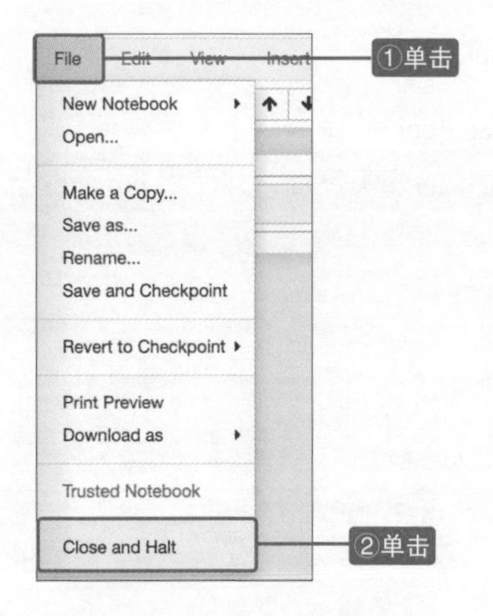

图 3.9 关闭文件的方法

1. 通过终端添加库的方法

选择创建好的虚拟环境，单击“▶”，如图 3.10 所示，然后选择“打开终端”（Open Terminal）选项。终端启动后，如下图所示，执行 pip 命令安装软件包。

● [终端]

```
$ pip install 软件包名称
```

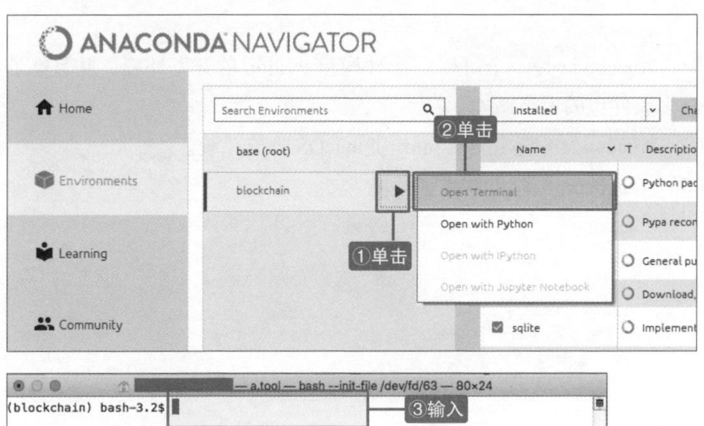

图 3.10 通过终端添加库

2.通过命令行添加库的方法

通过在 Jupyter Notebook 的命令行上安装软件包时，请按照以下方法，将“!”（感叹号）加在命令的开头位置，并使用 pip 命令执行软件包的安装。

```
!pip install 软件包名称
```

问题一

请选择一个正确的关于 Python 描述的选项。

（1）Python 是 20 世纪 90 年代开发的一种新语言。
（2）Python 有 2 系列和 3 系列，它们都有望在将来进一步发展。
（3）Python 是一种通用性很强的编程语言。

问题二

请选择一个关于 Anaconda 的错误的描述选项。

（1）Anaconda 是一个可以一次性构建 Python 的开发环境，并且能够打包安装众多软件包的发行版本。
（2）Anaconda 仅适用于 Linux 和 macOS 操作系统。
（3）Anaconda 可以创建虚拟环境。

第4章 Python的基本语法

本章将学习 Python 的基本语法，并在理解本书所涉及源代码的范围内进行整理。

4.1 运算

在 Python 中，可以方便地执行四则运算。基本运算符号如表 4.1 所示。

表 4.1 基本运算符号

运 算	符 号	示 例	运算结果
加法	+	2+3	5
减法	–	5–2	3
乘法	*	2*3	6
除法	/	6/2	3
取余	%	7%3	1
幂	**	2**3	8

4.2 位运算符

位运算符是在执行位运算时使用的运算符，是指对数据按位执行特定操作的运算。位是用 0 或 1 表示的二进制符号（数字），是计算机科学中最基本的单位。另外，1 字节由 8 位组成。同样，一个半角字符是指一个字符为 4 位，两个字符为 8 位（1 字节）。在 Python 中，通常情况下数字的输出为十进制，但如果要将其转换为二进制，则需要使用 bin。

典型的位运算符如表 4.2 所示。

表 4.2 位运算符的例子

运算符	内 容	说 明
|	按位或	比较左侧和右侧同一位置的值（位），如果其中至少一个值（位）为 1，则运算结果为 1
^	按位异或	比较左右两侧同一位置的值（位），如果只有 1 个值（位）为 1，则运算结果为 1
&	按位与	比较左侧和右侧同一位置的值（位），如果两个值（位）均为 1，则运算结果为 1

（续表）

运算符	内　容	说　明
x << n	x 向左移动 n 位运算符	将右侧的值向左边按位移动若干位
x >> n	x 向右移动 n 位运算符	将左侧的值向右边按位移动若干位
~	x 按位取反运算符	反转右侧的值（位）。如果为 1，则运算结果为 0；如果为 0，则运算结果为 1

让我们验证一下本书中出现的按位或，按位与以及左、右移位。首先，如清单 4.1 所示的方式计算按位或。

清单 4.1　按位或运算

输入

```
print(bin(10))
print(bin(13))
print(bin(10|13))
```

输出

```
0b1010
0b1101
0b1111
```

按照从上往下的顺序分别将十进制的 10 和 13 两个数字以二进制形式输出。最下面的输出值是由按位或计算得出的结果。如果仔细观察，两个二进制数只要有一个为 1 时，运算结果为 1。另外，将最下面的二进制数转换为十进制数，则输出结果为 15。

对于按位与运算，如清单 4.2 所示。

清单 4.2　按位与运算

输入

```
print(bin(10))
print(bin(13))
print(bin(10&13))
```

输出

```
0b1010
0b1101
0b1000
```

查看如清单 4.2 所示的结果，只有当两者均为 1 时，运算结果才为 1。最下面的输出结果为二进制的 8。

同样，按位左移操作执行如清单 4.3 所示。这里是将 15 转换为二进制数的 0b1111，然后进行按位左移运算。

清单 4.3　向左移动指定位数的运算

输入

```
print(bin(15))
print(bin(15<<0))
print(bin(15<<1))
print(bin(15<<2))
print(bin(15<<3))
print(bin(15<<4))
```

输出

```
0b1111
0b1111
0b11110
0b111100
0b1111000
0b11110000
```


正如您在结果中看到的那样，左移位会在右侧补 0。这是因为数据向左移动后右端空出来的位置用 0 来填充。

同样，向右移动运算的代码如清单 4.4 所示。

清单 4.4　向右移动指定位数的运算

输入

```
print(bin(15))
print(bin(15>>1))
print(bin(15>>2))
print(bin(15>>3))
print(bin(15>>4))
print(bin(15>>5))
```

输出

```
0b1111
0b111
0b11
0b1
0b0
```

这里向右移动的操作使得位数减少。位移后从右侧溢出的部分将被删除。如果超出可移动位数，就会变成 0 后不再发生变化。

在你习惯按位运算之前，可能会感到这部分内容很难理解，因为它会在本书稍后的部分出现，所以让我们先对其有一个初步了解。

4.3 变量

可以使用字母和数字来定义变量。变量可以存储各种数据类型的值，并且可以自由计算和处理。在变量名中可以使用字母、数字和下划线（_）区分大小写。给变量名起一个易于被第三方理解的名称是很重要的，如清单 4.5 所示的示例为输出 apple 和 banana。

清单 4.5　使用变量的示例

输入

```
a = "apple"
b = "banana"
print(a)
print(b)
```

输出

```
apple
banana
```

4.4 函数与变量的作用域

函数是经常使用的重要功能。让我们掌握函数的基本要点，以便可以使用它。

4.4.1 函数

函数是指为特定的处理过程命名，并能够被调用的处理过程。定义函数时通过 def 进行定义。同时，使用 return 指定返回值。如清单 4.6 所示给出了一个如何定义函数的基本方法的示例。注意不要忘记第一行的“:”（冒号）和第二行及其后续行的缩进。

清单 4.6　求三角形面积的函数

输入

```
def area_triangle(x, h):
    ans = (x*h)/2
    return ans

print(area_triangle(2,3))
```

输出

```
3.0
```

如清单 4.6 所示的程序代码中，我们定义了一个函数来计算三角形的面积。以 x 为底，h 为高度作为函数的参数，并将它们相乘再除以 2 以求得三角形的面积。计算结果存储在变量 ans 中，ans 作为函数的返回值返回。在 print(area_triangle(2,3)) 中，将 x（底边长）为 2，h（高度）为 3 作为参数，计算出三角形的面积，并通过 print 语句显示输出结果。

4.4.2 变量的作用域

Python 变量有两种类型，全局变量作用域和局部变量作用域，如图 4.1 所示。作用域是指访问变量的范围。全局变量作用域是可以从程序文件中的任何位置访问的变量。相反，局部变量作用域是一个只能从该函数内部访问的变量。我们分别称这两种变量为全局变量或局部变量。可以从特定函数内部访问全局变量和在同一函数中定义的变量，但是无法访问在不同函数中定义的变量。为了避免变量的值被意外更改，一般建议在编程时考虑局部变量。

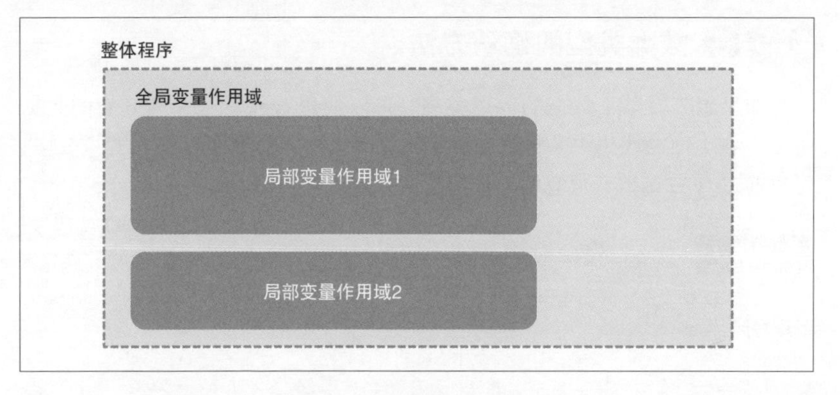

图 4.1　函数的作用域

4.5 数据类型

4.5.1 主要的数据类型

Python 可以处理各种数据，例如字符串和整数等。这些可以处理的数据的种类称为数据类型，如表 4.3 所示显示了 Python 可以处理的主要数据类型。

表 4.3　典型数据类型列表

数据类型	含　义	表达方式	示　例
int 型	整数	原样	a=1
float 型	实数	原样	a=1.1
str 型	字符串	' ' 或者 " " 括起来	a="blockchain"
bool 型	真假	True 或者 False	>>>bool(0) False >>>bool(1) True
list 型	数组	[]	A=[1,2,3]
dict 型	字典	{}	A={}

在编程中了解了以上数据类型对于防止错误和编写易于理解的代码是非常重要的。在本书中有关开发区块链的代码中，特别重要的数据类型是 list 列表（数组）类型和 dict（字典）类型。

4.5.2 数据类型的确认方法

如果想查看某个数据的数据类型，可以使用 type 函数来获知它的数据类型。在下面的代码中，将整数存储在变量 a 中，将数组存储在变量 b 中，可以通过 type 函数获得它们的数据类型，如清单 4.7 所示。

清单 4.7 type 函数的使用示例

输入

```
a=1
b=[1,2,3]

print(type(a))
print(type(b))
```

输出

```
<class 'int'>
<class 'list'>
```

4.6 列表、索引与数组的操作

4.6.1 列表 list

列表可用于处理多个数据。每个存储的数据称为一个元素。要使用列表，需要使用 []（方括号）。例如，变量名称 = [1,2,3,4,5]。列表的元素可以包含字符串，也可以包含数组。

4.6.2 索引

在列表中可以存储多个数据，通过使用索引能够处理存储数据的某个特定元素。按照从数组的第一个元素开始，则是 0，1，2，... 这样的顺序指定索引。

当从最后一个元素开始计数时，计数为 -1，-2，-3，...，如图 4.2 所示。

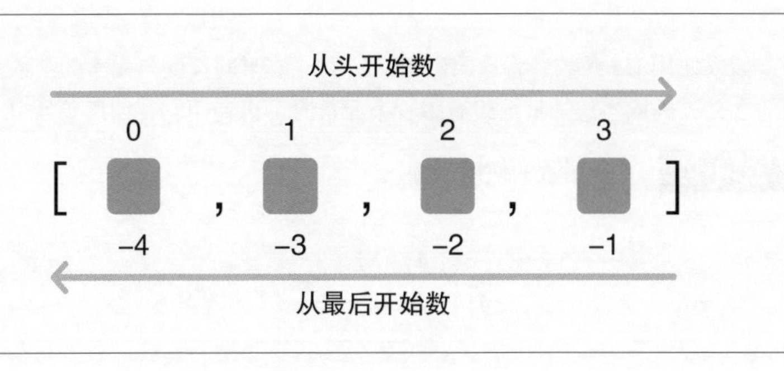

图 4.2　数组的索引

4.6.3 数组的操作

要将元素添加到数组，需要使用 append 方法。可以通过使数组调用 append 方法，在数组之后添加任意元素。对于如清单 4.8 所示的示例，将输出数组 [10，20，30，40]。

清单 4.8　append 方法的使用示例

输入

```
list2 = [10, 20 ,30]
list2.append(40)
print(list2)
```

输出

```
[10, 20, 30, 40]
```

如果要在数组的任意索引处添加元素，可以使用 insert 方法。通过像以下程序那样，编写 insert（参数 A，参数 B）方法使得任何元素可以添加到任意索引处。参数 A 为指定索引，参数 B 用来描述要添加的元素，如清单 4.9 所示。

清单 4.9　insert 方法的使用示例

输入

```
list3 = [1, 2, 3, 4, 5]
list3.insert(3, 10)
print(list3)
```

输出

```
[1, 2, 3, 10, 4, 5]
```

如果使用 len 函数，将返回数组的长度。数组的长度与元素的个数具有相同的含义，因此当想知道数组有多少个元素时可以使用它，如清单 4.10 所示。

清单 4.10　len 函数的使用示例

输入

```
list4 = [1, 2, 3, 4, 5]
print(len(list4))
```

输出

```
5
```

4.7 字典

4.7.1 字典类型

字典类型是可以作为一组键（key）和值（value）处理的数据类型。由于该值与键是相互关联的，因此，在处理具有对应关系的数据时经常使用它。使用字典类型，需要用到 { }（大括号），一般记为 {key1：value1，key2：value2，...}。

4.7.2 元素的处理方法

要将元素写入字典类型数据，如清单 4.11 所示。

清单 4.11　字典数据类型使用示例

输入

```
dic1 = {"A" : 1, "B" : 2}
dic2 = {}
dic2["key"] = "value"

print(dic1)
print(dic2)
```

输出

```
{'A': 1, 'B': 2}
{'key': 'value'}
```

value 中可以包含一个列表，如清单 4.12 所示。

清单 4.12　value 中存储数组的使用示例

输入

```
dic = {}
dic["key"] = ["value1", "value2"]
print(dic)
```

输出

```
{'key': ['value1', 'value2']}
```

检索存储在字典中的值，可以通过指定 key 的值来检索任意 value 的值，如清单 4.13 所示。

清单 4.13　通过 key 值检索 value 的值

输入

```
dic = {"A": "cat", "B": "dog"}
print(dic["B"])
```

输出

```
dog
```

此外，value 的值还可以通过指定 key 值进行变更。但是，不能通过指定 value 的值来变更 key 的值，如清单 4.14 所示。

清单 4.14　通过 key 值变更 value 的值

输入

```
dic = {"A" : "cat"}
dic["A"] = "dog"
print(dic)
```

输出

```
{'A': 'dog'}
```

4.8 JSON

JSON 是 JavaScript Object Notation 的缩写，并且是许多编程语言中使用的轻量数据格式。可以使用 key 和 value 的组合存储数据，也可以存储各种类型的数据，例如字符串、数字和数组等。尽管 JSON 数据的格式类似于 Python 的字典数据类型，但它经常用于诸如通过通信交换数据的情况。在许多时候，当从外部发送请求，并且返回响应时以 JSON 格式返回数据。如清单 4.15 所示显示了具体的 JSON 数据的记录方式。将变量名放在 " "（双引号）中，并注意在多行代码写入时不要忘记缩进。

清单 4.15　JSON 数据

```
{
  "age": 30,
  "name": "satoshi",
  "class": ["math", "science", "english"]
}
```

4.9 流程控制语句（if 语句、for 语句、while 语句）

在描述复杂处理时，if 语句和 for 语句是必不可少的语法。本书在关于创建区块链的地方都会出现这些语句。

4.9.1 比较运算符

在处理流程控制语句时，经常使用比较运算符。比较运算符是将值与值进行比较，并将结果以布尔值形式（真或假）返回。主要的比较运算符如表 4.4 所示。

表 4.4　主要比较运算符列表

比较运算符	含　义
a == b	a 和 b 是否相同
a > b	a 是否大于 b
a >= b	a 是否大于等于 b
a < b	a 是否小于 b
a <= b	a 是否小于等于 b
a != b	a 是否不等于 b

4.9.2 if 语句

if 语句是根据条件进行分支处理的语法。如清单 4.16 所示，可以通过编写 if 语句来使用它。在该代码中，如果 x 的值大于等于 3，则显示“满足条件！”。

清单 4.16　if 语句的基本语法

输入

```
x = 5
if x >= 3:
    print("满足条件！ ")
```

输出

```
满足条件！
```

在 if 语句中，可以使用 else 执行更缜密的条件分支判断。如清单 4.17 所示的代码中，根据判断 x 的数值大于或等于 3 还是小于 3 进行分支，并根据上述两个条件输出判断结果。

清单 4.17　使用 else 的分支语句

输入

```
x = 2
if x >= 3:
    print("满足条件！ ")
else:
    print("不满足条件")
```

输出

```
不满足条件
```

另外，elif 可用于描述更多条件和处理，如清单 4.18 所示。因为在 Python 的代码中需要通过缩进来描述结构，所以在 else 后面的语句中需要更进一步的缩进，为了提高程序的可读性，出现了 elif 语句。注意，在如清单 4.18 所示的最后一个 else 也可以替换为 elif。

清单 4.18　使用 elif 的分支语句

输入

```
x=13
if x >= 20:
    print("A等级。")
elif 19 >= x >= 15:
    print("B等级。")
elif 14 >= x >= 10:
    print("C等级。")
else:
    print("D等级。")
```

输出

```
C等级。
```

4.9.3 for 语句

当需要重复执行某些特定运算操作时，可以使用 for 语句。如清单 4.19 所述，可以执行连续重复处理。在如清单 4.19 所示的示例中，dog、cat、bird 和 sheep 是按此顺序垂直输出的。

清单 4.19　for 语句的基本语法

输入

```
words_list = ["dog","cat","bird","sheep"]
for w in words_list:
    print (w)
```

输出

```
dog
cat
bird
sheep
```

在 for 语句中经常会使用 range 函数。将一个值传递给 range 函数后，将生成一个数值从 0 到“给定值 –1”的列表，这些值组合起来就创建了与给定值一样个数的元素列表。经常使用 range 函数可以简便地指定重复处理的次数。如清单 4.20 所示的示例中，纵向输出 0 ~ 4。

清单 4.20　使用 range 函数的 for 语句

输入

```
for num in range(5):
    print(num)
```

输出

```
0
1
2
3
4
```

4.9.4 while 语句

while 语句是在满足某些条件的同时连续处理的语法。可以通过编写如清单 4.21 所示的程序进行处理。如清单 4.21 所示的程序表示当 i=5 时结束循环，当数值小于 5 时输出 i 的值，并将 i 的值逐次加 1。

清单 4.21　while 语句的基本语法示例

输入

```
i = 0
print("start!")
while i < 5:
    print(i)
    i += 1
print("finish!")
```

输出

```
start!
0
1
2
3
4
finish!
```

本章习题

问题一

请选择一个正确的关于 Python 的描述。

（1）Python 是专门用于统计、计算的语言，被广泛应用于人工智能的开发。
（2）Python 的版本有 2 系和 3 系两个，它们相互兼容。
（3）Python 变量有全局变量和局部变量两种。

问题二

请选择一个正确的表达列表的描述。

（1）()
（2）[]
（3）{}

问题三

请选择一个正确的关于列表类型和字典类型的描述。

（1）列表数据类型由 key 和 value 的组合构成。
（2）在字典数据类型中，列表可以作为 value 来存储。
（3）存储在列表中的数据无法编辑更改。

问题四

请使用 for 语句编写一个程序，将下面列表中的元素一行一行地输出。

```
l = [Gold, Silver, Bronze]
```

问题五

编写一个使用 while 语句输出三遍字符串 satoshi 的程序。

第5章 面向对象及类

在 Python 中，通过掌握函数和类可以编写高级程序。本书在开发区块链程序的内容中会大量使用函数和类，因此我们先来了解一下这部分内容。

5.1 面向对象

编程语言中存在设计思想（范式）。Python 正是基于被称为面向对象的编程范式进行开发的。

5.1.1 什么是面向对象

面向对象语言旨在开发以对象为核心的、易于理解的程序。对象是指事物，是指系统中的一个组成单元。在使用面向对象的编程语言进行程序开发时，整个程序是通过定义、组装“对象”以及“对象之间的联系”来创建的。

5.1.2 面向对象的优点

面向对象的编程具有简化代码以及减少系统开发和维护所需时间的优势。因此，在编写程序之前进行规划和设计显得尤为重要。

在这本书中，是通过 Python 语言来构建区块链的，但是由于 Python 是一种面向对象的语言，因此可以像拼图一样容易地实现各种功能。虽然区块链技术正在飞速发展，但是如果可以通过使用 Python，在自己实际动手的同时加深理解，也可以迅速追赶上区块链技术的热潮。

5.2 类与实例

类的概念在支持面向对象的 Python 中非常重要。由于在本书中经常出现，因此我们可以将概念和技术结合起来理解与掌握。

5.2.1 类

在 Python 中可以创建类。使用 class 语句定义类。通常将类名的首字母大写，如果有多个单词的时候，例如 MyDog，则将每个单词的首字母大写。另外，还可以定义一种称为方法的处理。方法是在类内编写的，并且只能由该类创建的对象调用。后续说明内容中的用以自动调用并生成实例的方法称为构造方法，并由 __init__（self，参数 1，参数 2，...）定义。如清单 5.1 所示是一个非常简单的示例，创建 Greet 类定义以实现问候功能。

清单 5.1 类的定义

```
class Greet():
    def__init__(self, greet):
        self.value = greet
```

5.2.2 实例

由类创建的对象称为实例。如清单 5.1 所示的代码生成了如清单 5.2 所示的代码中的两个实例。

清单 5.2 生成实例

```
morning = Greet("早上好！ ")
evening = Greet("晚上好！ ")
```

如清单 5.3 所示的代码中，通过实例化的 morning 和 evening，将每条问候消息都作为打印语句输出。

清单 5.3 调用方法

输入

```
print(morning.value)
print(evening.value)
```

输出

```
早上好！
晚上好！
```

5.3 特殊方法

在 Python 类中可以使用一种特殊方法。为了更改对象的行为以及根据类的性质而具有相应的功能，可以使用通过两边带双下划线的方法定义特殊方法。

5.3.1 用于初始化的特殊方法

前面我们已经介绍了构造方法。通过编写 __init__（self，参数 1，参数 2，...）来定义类中的初始条件。这种特殊的方法会经常出现在本书中，因此请务必掌握。

5.3.2 用于转换字符串的特殊方法

通过使用 __str__ 方法，可以与 print 函数几乎相同的方式实现字符串输出。因为其能够自动输出字符串，这使得调试和输出日志变得非常方便。在 __str__（self）: 定义里，可以将所需输出结果定义在 return 后面。如清单 5.4 所示显示了具体的实现过程。由于 __str__ 方法的功能为输出字符串，因此，self.age 部分使用 str 函数用以将其转换为字符串形式。

清单 5.4　调用方法

输入

```
class Person():
    def __init__(self, name, age):
        self.name = name
        self.age = age

    def __str__(self):
        return "Name:" + self.name + ", Age:" + str(➡
self.age)

satoshi = Person("satoshi", 30)
print(satoshi)
```

输出

```
Name:satoshi, Age:30
```

在这个程序中，__str__(self) 方法的定义中是以字符串形式输出需要显示的结果。本例中的 satoshi 是 Person 类的一个实例。要将作为 Person 类的一个实例的 satoshi，通过 print 语句显示输出结果，则将输出 __str__ 方法定义的内容。

5.3.3 使对象像字典数据类型一样处理的特殊方法

可以使用 __setitem__ 方法将对象视为访问字典数据类型的键一样。当需要将类进行实例化作为对象进行处理时，能够轻松地提取对象的属性时使用这种特殊方法。在修改或追加对象属性等情况时经常将其与 __getitem__ 方法结合起来使用。

本章习题

问题一

请选择一个关于面向对象的正确描述。

（1）面向对象是所有编程语言中采用的范式。
（2）面向对象是围绕对象这一概念而实现的。
（3）采用面向对象的编程语言只有 Python。

问题二

请选择一个关于类的正确描述。

（1）类主要由变量和实例构成。
（2）由类生成的对象称为方法。
（3）初始化类内部的变量的方法是 __init__。

问题三

请选择一个正确的字符串转换的特殊方法。

（1）__init__

（2）__str__

（3）__add__

（4）__mul__

问题四

请调查并列举除 Python 语言外的其他 3 种面向对象的编程语言。

问题五

请调查并列举两种面向对象以外的编程范式。

第6章 模块与软件包

在 Python 语言中，可以重用另一个程序的功能。通过学习这种机制，可以像组装积木一样高效且自由地进行编程。

6.1 模块、软件包与pip

在 Python 中可以将程序分成小块。通过分割较长的程序，可以提高程序的可读性并且实现高效的开发。

6.1.1 模块

通常，我们将大文件拆分为多个文件。拆分出来的每个文件都称为一个模块，如图 6.1 所示。模块通常以扩展名 .py 的文件形式进行管理，并且可以通过从不同模块进行调用。

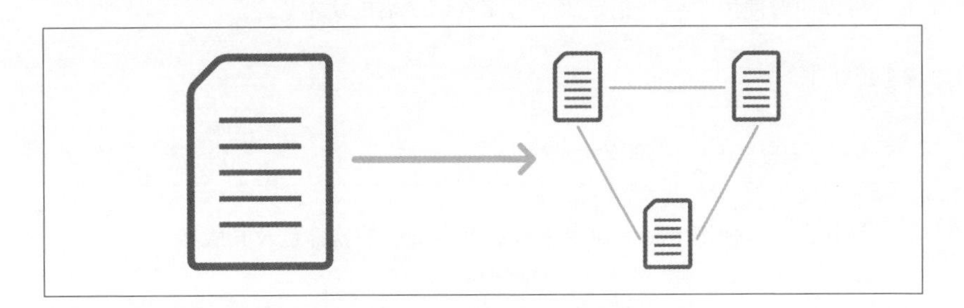

图 6.1　模块的示意图

在 Python 中，为了方便使用，通常将经常使用的模块预先定义为标准模块，这样无需任何特殊过程即可使用。

6.1.2 软件包

软件包是指为了发布而打包在一起以供第三方使用的软件组合。它包含与模块相对应的“程序文件”，以及汇总软件名称和依赖关系的“元数据”。通过将实现了便捷功能的模块组合作为一个包进行打包和发布，使得其他任何人都可以方便地使用它来进行高效的开发。

6.1.3 pip

Python 有一个名为 pip 的软件包管理工具。由于与本书采用的 Python 版本是同时安装的，因此使用 pip 可以无须任何特殊操作。使用 pip，可以安装由第三方创建的软件包，也可以无须自己编码而使用一些便利的模块。在安装程序包时，使用包管理器管理程序包，还同时会安装根据依赖性关联的其他程序包。所有可以安装的软件包都在 PyPI 网站（URL https://pypi.org）中，可以在网站上查看关于它的详细信息。

安装时，执行“pip install 包名”的命令。如果安装时包名后面未指定任何内容，则将安装最新版本。在下面的示例中，我们安装了一个后续会用到的，名为 NumPy 的库，该库在数值计算方面非常强大。

●[终端]

```
$ pip install numpy
```

有时候由于依赖关系，在进行开发时会希望安装特定版本。在这种情况下，可以通过使用“==”指定版本号来安装所需的版本。

●[终端]

```
$ pip install numpy==1.16.4
```

另外，可以使用 freeze 命令来查看已经安装的软件包及其版本。

●[终端]

```
$ pip freeze
```

6.2 import语句

使用 import 语句导入其他模块。

6.2.1 import 语句的使用方法

当使用另一个文件中的模块或软件包时，需要使用 import 语句，如 import numpy。对于标准模块以及通过 pip 一起安装的软件包，都是用同样的记述方法。

import 语句可以通过使用 as 来缩短使用的程序包名称。如清单 6.1 所示的代码定义了一个计算圆的面积函数，本书描述的开发环境中安装了一个通常用于数值计算的名为 NumPy 的软件包，使用 import 语句将其导入。由于 numpy 比较长，因此使用 as 缩写为 np。在下面这个程序里，功能是计算半径为 2 的圆的面积，输出值为 12.566370614359172。

清单 6.1　使用 Numpy 定义计算圆面积的函数

输入

```
import numpy as np

def area_circle(r):
    ans = np.pi * r **2
    return ans
print(area_circle(2))
```

输出

```
12.566370614359172
```

另外，还可以使用 from 来简化代码。如清单 6.2 所示，在 from 中指定模块名称，在 import 中指定类名称或函数名称。math 是一个标准的 Python 模块，提供对数学函数的访问接口。同样，gcd 是一个返回最大公约数的函数。如清单 6.2 所示的代码，返回值为 12。

清单 6.2　from 和 import 的使用示例

输入

```
from math import gcd

print(gcd(24, 36))
```

输出

```
12
```

6.2.2 import 语句的注意点

通常将 import 语句放在程序顶部，一般情况下，每个导入程序包的语句都要换行记录。请注意，可以在 import 语句中使用 “*”（星号）来表示调用所有函数。如清单 6.3 所示。

清单 6.3　import 语句中 *（星号）的使用示例

输入
```
from numpy import *
```

乍一看似乎很方便，但是如果某个变量名已被另一个模块使用，则可能导致冲突、故障和操作错误。例如，如果以如清单 6.3 所示的形式调用它，则 Numpy 中的 array 函数将与另一个名为 Array 的模块中的 array 函数发生冲突，并且在使用时会出现错误。

6.3 if __name__ == '__main__':

当查看由 GitHub 或者其他工程师编写的 Python 代码时，经常会看到 if __name__ == '__main__': 这样的描述。该 if 语句是用来检查包含此代码的 Python 文件是否由如下命令执行。

● [终端]
```
$ python 文件名 .py
```

如本节所述，如果仅仅在一个文件中编写程序，则程序将会变得很大，维护和处理的便利性将会很差。因此，通常将其分解为小尺寸的模块，并且通过 import 导入并对该模块的功能进行调用。

在这里，假设 if __name__ == '__ main__': 不存在，通过划分模块来实现程序会是怎样的情况呢？实际上，在通过 import 导入的时间点，该模块的处理已经被执行了。那么为了防止模块在 import 导入时即被调用执行，通过 if __name__ == '__main__': 来判断文件本身是否已经被执行。如果 Python 文件本身已经执行了，则将执行该 Python 文件中的程序。另外，如果以 import 导入的形式调用它，则可以在该阶段使用模块中的功能而无需执行该模块。

一方面 if __name__ == '__main__': 是经常会看到的代码，但是对于初学者来说会感到很难理解。在学习的最初阶段，只要能理解上述介绍的内容即可。

本章习题

问题一

请指出一个关于模块和软件包的错误描述。

（1）模块是将很长的程序分割为易于管理的代码文件。

（2）软件包是汇总了模块使用方法的文件。

（3）如果使用软件包管理工具 pip，则可以安装第三方软件包。

问题二

请选择一个关于 pip 的描述错误的选项。

（1）在安装 Python 时同时可以安装 pip。

（2）可以通过 pip install 命令安装软件包。

（3）想要指定特定版本时，可以通过“包名 @ 版本号”来指定。

问题三

请选择一个关于 import 语句的描述错误的选项。

（1）import 语句是需要通过其他文件调用模块时使用的语句。

（2）在使用 import 语句时，推荐所有的 import 语句均写在一行代码中以完成模块的调用。

（3）import 语句中使用 as，可以将包名设定为自己喜欢的名称来调用。

读书笔记

区块链的机制

从这里开始，我们将通过执行 Python 程序来了解区块链的具体机制。目前为止我们介绍了一些区块链以及 Python 语言的基础知识，让我们一边巩固一边继续深入学习吧。

第7章 区块链的结构

当已成功学会 Python 语言时，就可以开始了解区块链的结构了。首先，我们将学习理解区块链结构所必需的哈希函数知识，之后学习区块链本身的知识点。

7.1 哈希函数

由于哈希函数具有使用非常方便的特点，所以频繁地被应用在区块链的各个方面。下面我们将详细介绍哈希函数。

7.1.1 什么是哈希函数

哈希函数是根据某些规则将输入数据转换为不同数据的函数。区块链中哈希函数的特点主要有如下四点。

（1）只能在一个方向上进行计算，而不能逆向进行计算。（不可逆性）

（2）如果输入数据发生哪怕仅仅是很小的变化，也会使得输出数据发生很大的变化。（机密性）

（3）不论输入数据长度如何，输出数据都将是相同长度的数据。（固定长度）

（4）可以从输入数据轻松、便捷地计算输出数据。（处理速度）

哈希函数所具有的不可逆向运算的这一特点（不可逆性），可以用于隐藏不希望第三方知道的信息。另外，哈希函数还具有即使输入数据发生很细微的变化，输出数据也会发生显著变化的特点（机密性），这一特点可用于检测原始数据是否已被篡改，如图 7.1 所示。此外，无论输入数据的长度如何，输出数据的长度都将完全相同（固定长度），这个特点可以用于汇总大量数据并压缩数据的大小。

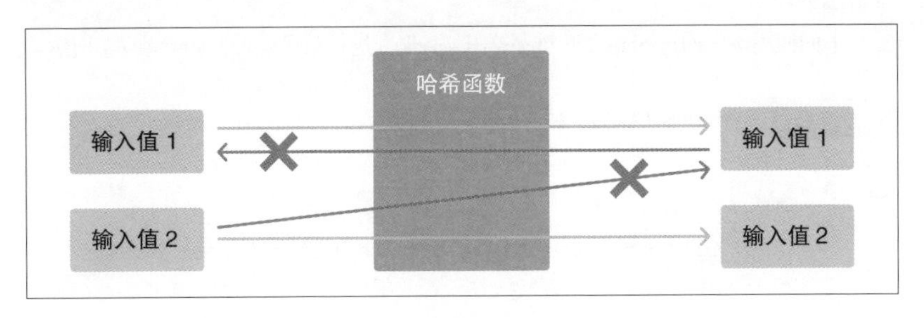

图 7.1　哈希函数的特点

7.1.2 哈希函数的种类

目前已经开发出了几种类型的哈希函数，除区块链以外，还被应用在各个领域。表 7.1 列出了区块链技术中使用的主要哈希函数。

表 7.1　主要的哈希函数

哈希函数	说　明
SHA-256	Secure Hash Algorism 256 bit 的简称，是一种无论输入数据的大小如何，都会生成 256 位哈希值的哈希函数。该技术在整个区块链技术中被广泛应用，经常可以见到连续两次使用 SHA-256 进行运算的做法
RIPEMD-160	RACE Integrity Primitives Evaluation Message Digest 的简称，生成一个 160 位的哈希值。由于可以生成一个小于 SHA-256 的哈希值，应用于需要节省数据容量的情况
HMAC-SHA516	HMAC-SHA516 是一种通过使用键值对作为输入值来获得 516 位哈希值的哈希函数。用于分层确定性钱包（HD 钱包）

SHA 系列是由 NIST（National Institute of Standards and Technology，美国国家标准技术研究院）进行标准化的，另外还有其他诸如 SHA-384、SHA-516 等。曾经存在 SHA-1 标准并被广泛使用，但是由 CWI Amsterdam（ URL https://www.cwi.nl/ ）和 Google Research 的联合研究小组发现该标准存在一个安全漏洞，目前已经不推荐使用。尽管不能称为绝对安全，但上述哈希函数目前被认为是安全的。

7.1.3 尝试应用哈希函数

由于已经准备了 Python 的标准库 hashlib，因此可以方便地使用它来计算哈希函数。

下面使用该库通过 SHA-256 对字符串“hello”进行哈希处理，如清单 7.1 所示。

清单 7.1　通过 SHA-256 对“hello”进行哈希处理

```
import hashlib
hash_hello = hashlib.sha256(b"hello").hexdigest()

print(hash_hello)
```

输出

```
2cf24dba5fb0a30e26e83b2ac5b9e29e1b161e5c1fa742➡
5e73043362938b9824
```

执行清单 7.1 所示的代码得到输出中的值。

清单 7.1 中的 hashlib.sha256（b"hello"）.hexdigest() 部分，是使用 SHA-256 进行哈希处理的。进行哈希处理的数据必须为字节类型，因此写为 b"hello"。在 .hexdigest() 部分中，是将其转换为十六进制格式的字符串。

由于哈希值是将输入值和输出值以一一对应的方式进行关联，因此，如果对完全相同的字符串进行哈希处理，将输出相同的哈希值。但是，如果输入值略有变化，则输出值将会有很大不同。因此，我们尝试使用 SHA-256 对与“hello”稍有不同的字符串“hallo”进行哈希处理。如清单 7.2 所示。

清单 7.2 通过 SHA-256 对“hallo”进行哈希处理

输入

```
import hashlib

hash_hello = hashlib.sha256(b"hello").hexdigest()
hash_hallo = hashlib.sha256(b"hallo").hexdigest()
print(hash_hello)
print(hash_hallo)
```

输出

```
2cf24dba5fb0a30e26e83b2ac5b9e29e1b161e5c1fa7425e730433➡
62938b9824
d3751d33f9cd5049c4af2b462735457e4d3baf130bcbb87f389e34➡
9fbaeb20b9
```

执行清单 7.2 所示的代码得到输出中的值。

是否能够看到两个输出值完全不同呢？在区块链技术中随处可见使用这个特性来检测数据是否被篡改的机制。

随后，我们使用 SHA-256 对字符串“hello”“hallo”和“hello world！”进行哈希处理，如清单 7.3 所示。当输入的字符串长度大于“hello”的字符串长度时，输出结果会是什么呢？

清单 7.3 通过 SHA-256 对各种字符串进行哈希处理

输入

```
import hashlib

hash_hello = hashlib.sha256(b"hello").hexdigest()
```

```
hash_hallo = hashlib.sha256(b"hallo").hexdigest()
hash_helloworld = hashlib.sha256(b"hello world!").➡
hexdigest()

print(hash_hello)
print(hash_hallo)
print(hash_helloworld)
```

输出

```
2cf24dba5fb0a30e26e83b2ac5b9e29e1b161e5c1fa7425e730433➡
62938b9824
d3751d33f9cd5049c4af2b462735457e4d3baf130bcbb87f389e34➡
9fbaeb20b9
7509e5bda0c762d2bac7f90d758b5b2263fa01ccbc542ab5e3df16➡
3be08e6ca9
```

执行清单 7.3 所示的代码得到输出中的值。

当然，由于输入值发生了变化，所以输出值也会发生很大变化。尽管输入值的长度增加了，但是从输出结果可以看到输出的哈希值长度并没有变化。哈希函数的这个特点非常重要，并且可广泛应用于各种场合，因此，请结合代码的编写方法来掌握它的这一特性。

7.2 区块的内容

正如已经看到的那样，区块链是将被称为区块的数据整理成锁链状的结构。下面，我们将详细分析一下区块链的结构。

7.2.1 区块内部结构

区块的内部如图 7.2 所示。其中，最重要的信息是 blockheader（以下称为区块头）、Txsvi 和 Txs（以下称为交易）。如表 7.2 所示总结了各个构成元素的特点。

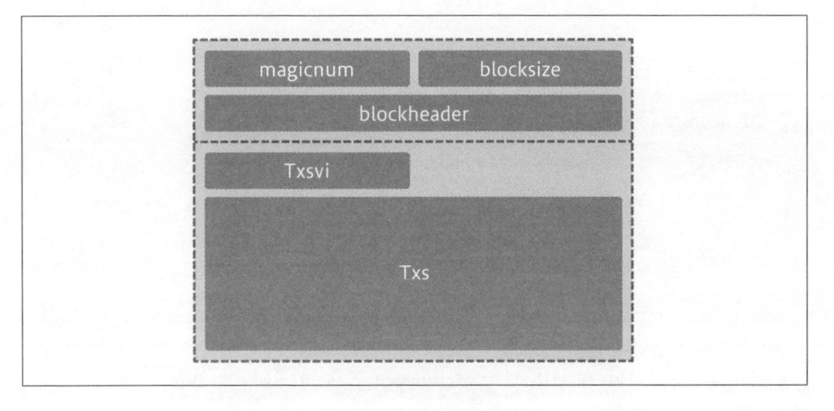

图 7.2　区块内部

表 7.2　**区块内容的构成元素**

数据项	说　明
magicnum	uint32（32 位无符号整数数组）
blocksize	uint32（32 位无符号整数数组）
blockheader	关于区块头的信息
Txsvi	交易数量
Txs	交易列表

区块头中包含有关于区块的重要数据。交易部分包含经过采矿过程而存储在区块中的交易以及相关信息。

对于比特币来说，一个区块的数据容量限制为 1MB。虽然上述的数据，假设其合计最多为 1 MB，但是根据区块链类型的不同，也存在有更大的区块容量的可能性，这一数据的容量会极大地影响到每种区块链的设计理念。

7.2.2 区块头

区块头中包含如表 7.3 所示的 80 个字节的数据，如图 7.3 所示。

表 7.3　**区块头的结构**

数据项	说　明	容　量
Version	版本	4 字节
Prev block hash	前面一个区块的哈希值	32 字节

（续表）

数据项	说　明	容　量
Merkleroot	使用哈希函数生成的所有交易的哈希值	32 字节
Time	指示生成区块时间的时间戳	4 字节
Bits	采矿的难易度	4 字节
Nonce	在采矿中满足条件的随机数	4 字节

Version	Prev block hash	Merkleroot	Time	Bits	Nonce

图 7.3　区块头的示意图

Prev block hash 是将前一个区块头通过哈希函数来生成的。换句话说，前一个区块头的哈希值被带入下一个区块的区块头中，并且它们像锁链一样连接。因此，使用哈希函数将区块像锁链一样一一进行连接的结构也称为哈希链。

7.2.3 交易

经过采矿可以获得的最大交易数量为 3000 个。这些交易以列表的形式存储，并且根据交易数量的不同可能存在有较大的数据容量发生的情况。虽然通常情况下，仅仅存储交易列表。但是也存在某些约束，即如果交易之间具有依赖关系时，则必须先将父交易放在其中。但是，如果需要考虑交易数据的先后顺序并将交易数据存储在区块中，即当一定的矿工在采矿时，甚至需要互相交换关于区块顺序的信息，这将降低操作的效率。因此，采用一种名为 CTOR（Canonical Transaction Ordering Rule 交易规范排序规则）的方法，即将交易的哈希值升序（字母顺序）排列。

使用称为 Merkletree（默克尔树）的数据结构对交易进行哈希处理，并汇总为 Merkleroot（默克尔根）。默克尔根存储在该区块的区块头中，用于验证交易是否正确，如图 7.4 所示。第 14 章将详细讨论默克尔根。

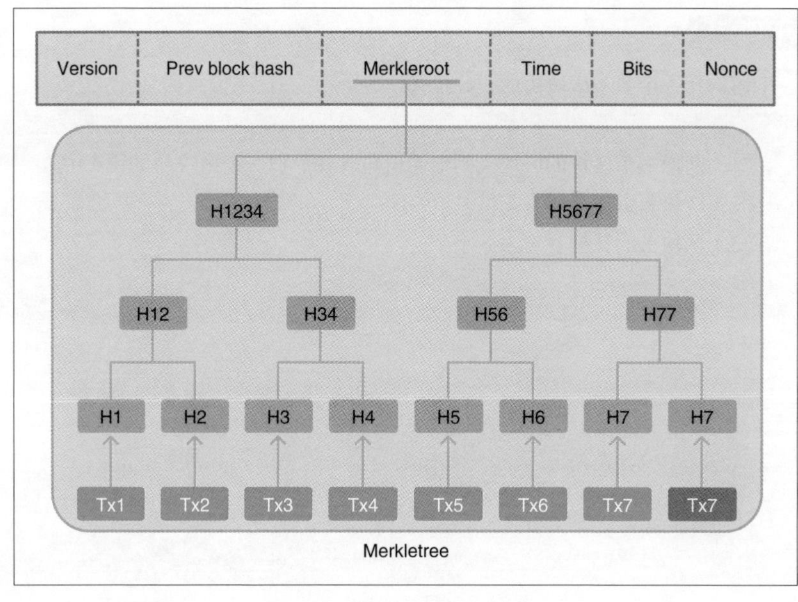

图 7.4　默克尔根和默克尔树

本章习题

问题一

请选择一个错误的关于哈希函数特征的描述。

（1）输入数据稍有变化，输出数据就会发生很大变化。
（2）基本上不能从输出数据逆向运算出输入数据。
（3）根据输入数据的长度可以调整输出数据的长度。

问题二

通过 SHA-256 计算 Bonjour 的哈希值。

问题三

请选择一个关于区块头的正确描述。

（1）前面一个区块的区块头的哈希值包含在后面一个区块的区块头中。

（2）区块头中包含所有交易。

（3）区块头的数据容量为 8 字节。

第8章 地址

在区块链中，地址用来识别特定的信息。地址是由公开密钥生成的，而公开密钥是利用椭圆曲线加密由私密密钥生成的。下面我们来一步一步地了解地址生成的过程。

8.1 地址生成的过程

本节主要介绍地址是如何生成的。

8.1.1 什么是地址

在发送和接收像比特币这样的虚拟货币时会使用地址。地址就是为了识别交易的另一方而传送给多人的信息。

由于地址是对多人可见的，因此它的可读性很高，但是，它又是与个人相关的具有高度隐私性的信息。为了满足这看似矛盾的公开性和保密性条件，在生成地址之前应用了多种加密技术。

8.1.2 地址生成概述

如果从源头开始追溯地址会追溯到私密密钥。从私密密钥到地址生成的过程如图 8.1 所示。

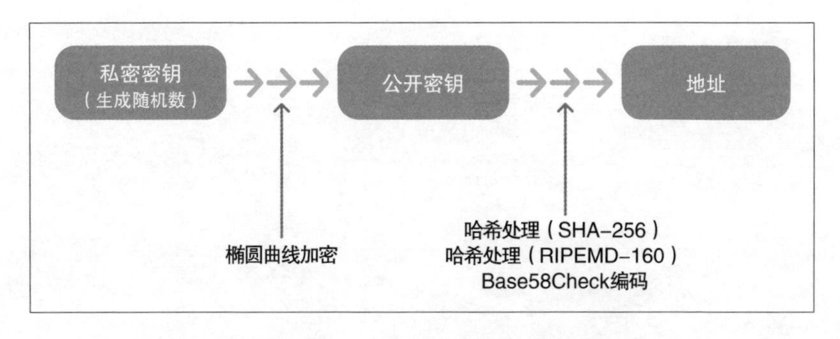

图 8.1　从私密密钥到地址生成的过程

首先，以随机数生成私密密钥。之后，通过称为椭圆曲线加密的密码技术生成一个公开密钥，然后将其两次进行哈希处理，并通过 Base58Check 编码来生成地址。

8.2 私密密钥的生成

本节介绍私密密钥的生成过程。

8.2.1 私密密钥的种子是“随机数”

私密密钥本质上是一个随机数。随机数是随机生成的数字。以比特币的区块链为例，私密密钥是 1 到 2256 之间的整数，每一次都是随机生成。

随机数是否真的是随机数而不是具有一定规则的数字，这是非常重要的一点。同时，也是很难判断的一点。例如，如果在区块链中使用的随机数是基于某种规律性的，则某些抱有恶意的第三方将能够根据这种规律推测出私密密钥。在区块链中，私密密钥代表某种资产本身的所有权，是否能够被推测起着决定成败的作用。因此，随机数生成器必须要利用先进的技术以确保其随机性，诸如 Python 等程序设计语言提供了用于生成随机数的库。

8.2.2 生成一个私密密钥

使用清单 8.1 所示的代码生成一个随机数并获取私密密钥。这里，我们将使用 Python 的标准模块 os 和 binascii。因此，有必要在开始时导入并调用这两个库。

清单 8.1　私密密钥的生成

输入

```
import os
import binascii

private_key = os.urandom(32)

print(private_key)
print(binascii.hexlify(private_key))
```

输出

```
b'"vi\xb8\xf5\x10\x7f0F\xc54\xfd\xca>g\xd3\xd8\xe7\xac➡
\xb9\x16\xb0M\xe9\xde\x8eiN\x1d\xca"\xf9'
b'227669b8f5107f3046c534fdca3e67d3d8e7acb916b04de9de8e➡
694e1dca60f9'
```

通过清单 8.1 所示的 os.urandom（32）部分产生一个 32 字节的随机数，再通过 binascii.hexlify() 将二进制数据转换为十六进制。进行这个转换是为了使其输出后更易于理解。

通过执行这段代码，可以生成如清单 8.1 中输出部分的私密密钥。另外，由于每次生成的随机数不同，所以每次执行的输出结果都会有所不同。

8.3 公开密钥的生成

本节主要介绍公开密钥生成的过程。虽然使用了诸如椭圆曲线加密之类的密码技术，但是由于该技术是不断发展的技术，因此在本节的后半部分主要介绍密码技术的发展过程。如果有兴趣，读者可以结合起来一起学习。随着对椭圆曲线的理解的深入，对公开密钥的理解也将不断深入。

8.3.1 生成一个公开密钥

根据私密密钥来生成一个公开密钥。直接自己创建一个对于生成公开密钥所必不可少的椭圆曲线密码是非常困难的，同时还需要考虑到安全性的问题，因此，不推荐这种做法。可以通过使用第三方库 ecdsa 来实现椭圆曲线加密。如清单 8.2 所示显示了从私密密钥生成公开密钥的代码。

● [终端]

```
$ pip install ecdsa
```

清单 8.2　公开密钥的生成

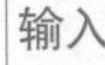

```
import os
import ecdsa
```

```
import binascii

private_key = os.urandom(32)
public_key = ecdsa.SigningKey.from_string(private_key, ➡
curve=ecdsa.SECP256k1).verifying_key.to_string()

print(binascii.hexlify(private_key))
print(binascii.hexlify(public_key))
```

输出

```
b'9a8486a2494c5c62ac6df097f6beb7c453ece6ccedbd25d28b6b➡
ed19abe9e024'
b'd5c37c48d5cd6f52a21cffb95a263affcccd6638b975eafc4e60➡
6f7cf7b1463ec741d07e989f624ed70b53a5fb33b2a0e89bd5617f➡
c95e673173feff2c41e3da'
```

如 8.2.2 小节所述，通过生成一个随机数来生成私密密钥 private_key。通过将结果传递给如清单 8.3 所示的代码，来利用椭圆曲线加密技术。在 .from_string 的两个参数中，第一个参数是代入私密密钥，第二个参数是代入椭圆曲线。

清单 8.3　椭圆曲线加密技术的使用

```
ecdsa.SigningKey.from_string(private_key,curve=ecdsa.SECP256➡
k1).verifying_key.to_string()
```

以本书的开发环境为例，如清单 8.2 所示代码的输出结果如上述输出部分所示。在程序的开始处生成随机数，并生成私密密钥和公开密钥，由于随机数不同，因此每次执行的输出结果也会发生变化。

8.3.2（发展篇）椭圆曲线

与私密密钥不同，公开密钥是对许多人开放的信息。但是，如果可以利用这一任何人都可以看到的公开密钥能够逆向计算私密密钥的话，那么就完全无法称为加密技术。因此，我们使用一种被称为“椭圆曲线密码学”的非常先进的密码技术来生成公开密钥。椭圆曲线加密技术具有像哈希函数一样的单向性（不可逆性），具有无法逆向运算的特性。

椭圆曲线加密技术使用下面的椭圆曲线公式。

$$y^2 = x^3 + ax + b$$

该公式的图会根据 a 和 b 的值的变化而变化，在比特币的区块链的情况下，使用下述公式，其中 $a = 0$ 和 $b = 7$ 。而该公式则定义为 secp256k1。

$$y^2 = x^3 + 7$$

该公式的图形如图 8.2 所示。

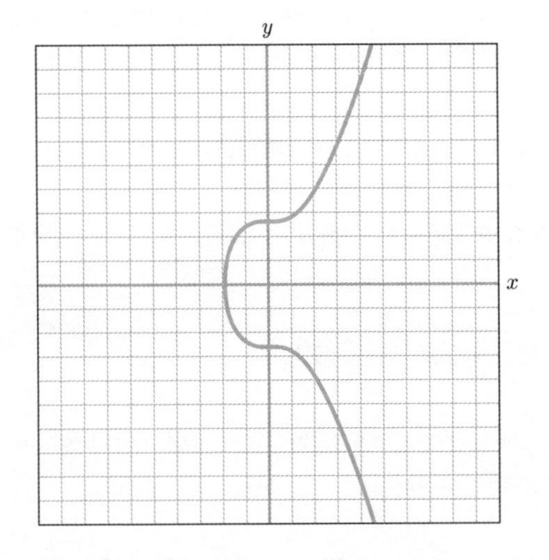

图 8.2　$y^2 = x^3 + 7$的图

8.3.3（发展篇）椭圆曲线加密

椭圆曲线加密所使用的公式表示如下。

$$y^2 = x^3 + 7 \bmod p$$

在此，mod 是表示余数运算的，称为求余（模）。例如，7 mod 3 表示 1 为 7 除以 3 的余数。因此，上面的等式表明，右侧 x^3+7 除以 p 的余数等于左侧 y^2。

这是离散对数问题的性质的一种应用。当已知某个常数 g 和质数 p 时，很容易通过公式 $y = gx \bmod p$ 求得 y；但是反过来，很难通过 y 求得 x 的值。如果进一步深入的话，将进入高级加密技术的世界，因此可以明白从 y 推导出 x 将花费大量的计算和时间，也就是说，椭圆曲线加密函数像哈希函数一样很难进行逆向计算，能够这样理解就足够了。

8.3.4（发展篇）从私密密钥生成公开密钥

本小节主要介绍如何利用椭圆曲线加密技术由私密密钥生成公开密钥。

首先，设置椭圆曲线 $y^2 = x^3 + ax + b \bmod p$ 的参数 a、b、p 和基点 $G(x, y)$。正如比特币中使用的 secp256k1 已经介绍的那样，参数 a 和 b 有如下的值。

$$a = 0x0000000000000000000000000000000000000000000000000000000000000000$$
$$b = 0x0000000000000000000000000000000000000000000000000000000000000007$$

对于比特币来说，将下述的点预先设置为基点 G。

$$Gx = 0x79be667ef9dcbbac55a06295ce870b07029bfcdb2dce28d959f2815b16f81798$$
$$Gy = 0x483ada7726a3c4655da4fbfc0e1108a8fd17b448a68554199c47d08ffb10d4b8$$

另外，将以下的数值（十六进制数）设置为 p 的值。

$$\begin{aligned} p = 0x&ffffffffffffffffffffffffffffffff \\ &fffffffffffffffffffffffeffffffc2f \end{aligned}$$

在这里，我们将解释说明椭圆曲线上的加法。与通常的加法和乘法不同，椭圆曲线上的加法是利用椭圆曲线上的切线，如图 8.3 所示。在椭圆曲线上标识一个点 G 并为其绘制切线，由于曲线的性质，切线将始终与椭圆曲线上除切线 G 之外的其他点发生接触。与其接触的点和 x 轴的对称点为 $2G$。此属性应用在生成公开密钥上。

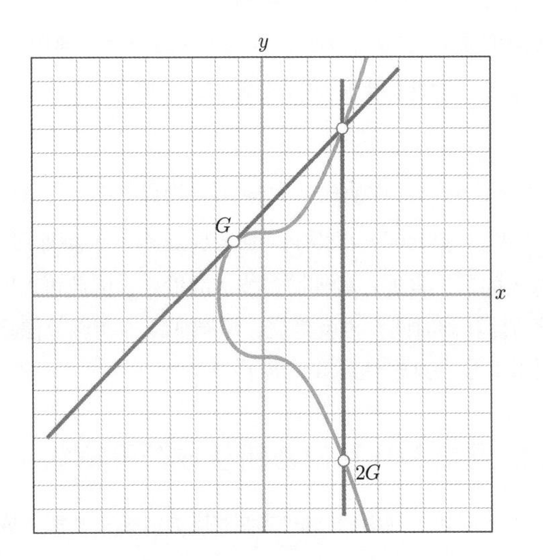

图 8.3　椭圆曲线上的加法

现在让我们详细了解生成公开密钥的细节。首先，对于刚才介绍的基点 G，直接加上 G，求得 $2G$。重复私密密钥的值的次数做如上操作。该计算的结果，即所获得的值为公开密钥。

通过多次地执行上述操作，可以获得最终的点 nG，并将其作为公开密钥。由于点 nG 需要计算大量的次数，因此需要由计算机来完成计算。

另外，作为一个重要的性质，由于使用了 mod，因此可以说试验次数越多，从终点 nG 的信息中识别出 n（即试验次数）就越困难。该性质表现出与哈希函数相同的单向性，因此解密是非常困难的。在这种情况下，想要确定试验次数 n 与想要确定私密密钥的值是同等难度，因此，该性质在加密技术中非常重要。

8.3.5 公开密钥的格式

如已经介绍的那样，公开密钥是利用椭圆曲线加密技术生成的，但是其本质是坐标。也就是说，公开密钥是由椭圆曲线密码系统上的点来定义的，并由一组 x 和 y 坐标组成。如果查看一下如清单 8.2 所示中生成的公开密钥，则可以在上半部分和下半部分将其分为 x 和 y 的坐标信息。

x 坐标：$d5c37c48d5cd6f52a21cffb95a263affcccd6638b975eafc4e606f7cf7b1463e$

y 坐标：$c741d07e989f624ed70b53a5fb33b2a0e89bd5617fc95e673173feff2c41e3da$

上述生成的公开密钥大约是私密密钥容量的两倍，考虑到整个区块链的数据容量，最好进行压缩。由此，将介绍两种类型的公开密钥，即未压缩的公开密钥和压缩的公开密钥。

未压缩的公开密钥如在 8.3.4 小节中生成的公开密钥一样，其中添加了 04 作为前缀。前缀是设置在数据开始位置的具有特定含义的字符串。根据格式，前述中生成的公开密钥如图 8.4 所示。

图 8.4　非压缩公开密钥的格式

另外，压缩的公开密钥利用公开密钥是坐标数据的特点。如果函数上的点（坐标）是 x 或 y，只要搞清楚其中一方的数据，则其他数据也将可以获得。如果公开密钥是椭圆曲线加密 $y^2=x^3+7$ 的一个点，则只需要知道 x 的信息即可计算 y 的值。

但是，因为 y 是平方的，所以每个 x 值可以对应 2 个 y 值。通过图 8.5 很容易理解这一点。可以看出 y 值位于对称轴 x 轴的上方和下方（x 值相同），如图 8.5 所示。

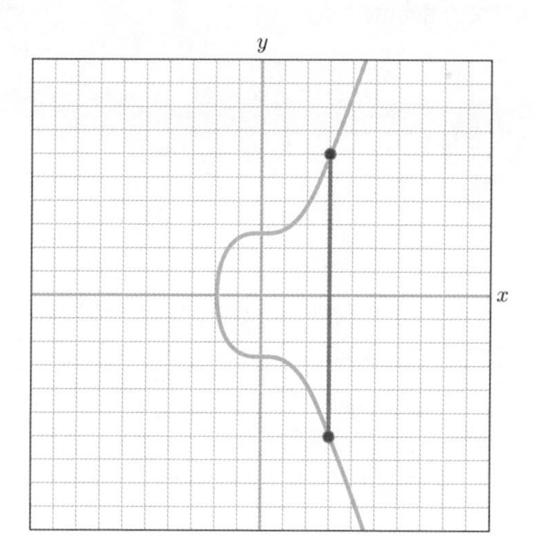

图 8.5　椭圆曲线关于 x 轴对称的图

因此，为了使一个 x 坐标确定一个 y 坐标，通过前缀进行区分。如图 8.6 所示，如果 y 的值为正数，则前缀加 02；如果 y 的值为负数，则前缀加 03。

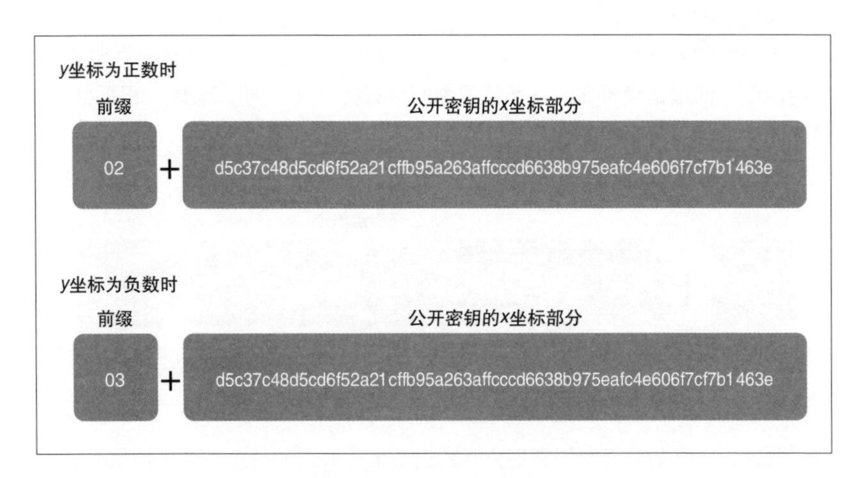

图 8.6　压缩公开密钥的格式

现在，公开密钥的信息只能包括前缀和 x 坐标信息。这使得可以将其压缩为未压缩公开密钥容量的一半大小。为了以程序方式处理此工作，可以以前缀的值为偶数或奇数进行分类，如果为偶数则为正，如果为奇数则为负，如清单 8.4 所示。

清单 8.4　压缩公开密钥的生成

输入

```
import os
import ecdsa
import binascii

private_key = os.urandom(32)
public_key = ecdsa.SigningKey.from_string(private_key, ➡
curve=ecdsa.SECP256k1).verifying_key.to_string()

# 取出y坐标
public_key_y = int.from_bytes(public_key[32:], "big")
```

```
# 压缩公开密钥的生成
if public_key_y % 2 == 0:
    public_key_compressed = b"\x02" + public_key[:32]
else:
    public_key_compressed = b"\x03" + public_key[:32]

print(binascii.hexlify(public_key))
print(binascii.hexlify(public_key_compressed))
```

输出

```
b'7e863135b895112de09f9b5492d3b3a0af75ae770a6ed08627d1➡
e279d4b2bb040a018b6083f2500d25ae1904976ae8c5cc0691bf4f➡
47c82ca5b3148858deef51'
b'037e863135b895112de09f9b5492d3b3a0af75ae770a6ed08627➡
d1e279d4b2bb04'
```

如上所述，该程序输出公开密钥以及压缩公开密钥。在输出部分最下面显示的压缩公开密钥中，可以看到公开密钥的前缀 03 和前半部分的值（*x* 坐标）。同样地，当同一程序代码多次执行时，由于每次都会生成不同的随机数，因此前缀 02 和 03 会经常互换，并且密钥值也会发生显著的变化。

8.4 地址的生成

本节主要介绍地址是如何生成的。

8.4.1 提高可读性的思考

目前为止，我们已经生成了无法推测的私密密钥和无法逆向计算的公开密钥。在这一阶段，能够在一定程度上确保数据的机密性。但是，由于公开密钥的字符串很长，因此它的可读性非常差。所以，有必要采取一些措施，例如编码等以防止数据的误读。具体来说，为了使人们能够更容易理解，采用了哈希函数一些特殊算法，如 RIPEMD-160 可以减少字符数量、Base58Check 可以编码等。

8.4.2 Base58

Base58 是一种编码方法，可以消除容易被人误读的字符串，并且是一种在输入或写入地址时不容易出错的方法。具体来说，就是尽量不要使用以下的字母和数字。

- 数字 0
- 英文字母 O
- 英文字母的小写
- 英文字母的大写
- +（加号）
- /（反斜杠）

8.4.3 Base58Check

由公开密钥生成地址时，使用了校验和的 Base58Check。校验和是一种检查数据是否正确的方法，通过添加由原始数据计算得出的部分数据来进行校验。

通过在 Base58Check 编码中结合校验和的方法，可以发现记录的错误。这里的校验和是利用了一个 4 字节的数据，该数据是将公开密钥的哈希值以及在其开始位置附加上版本字节（在 8.4.4 小节讲述），通过 SHA-256 进行 2 次哈希处理后得到数据开始位置的 4 字节。Base58Check 编码过程如图 8.7 所示。

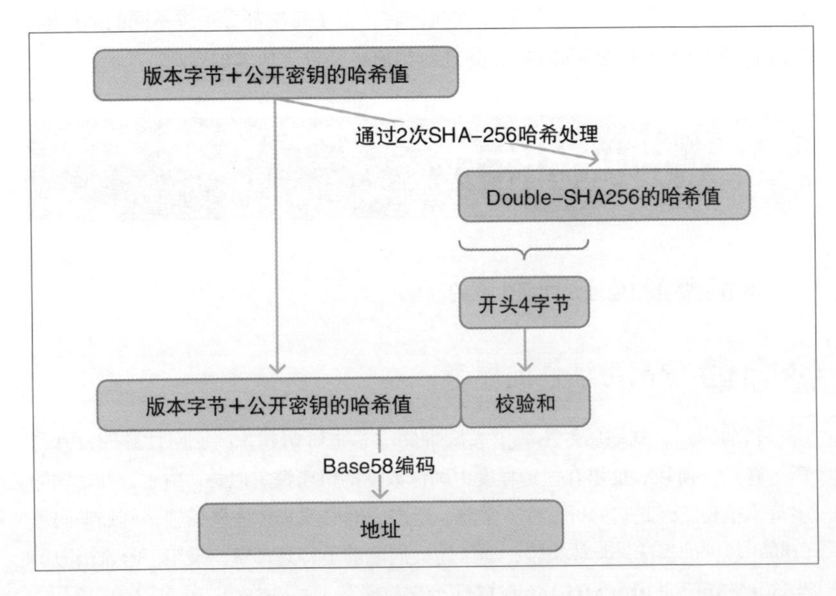

图 8.7　Base58Check 编码的过程

版本字节是十六进制数据，表示生成的地址是哪种类型的地址。版本字节又称为版本前缀（Version prefix）。版本字节通过 Base58Check 编码，转换为相同的字符。如表 8.1 所示列出了代表性的版本字节。

表 8.1　**代表性的版本字节**

版本字节	含　义	编码后
0x00	公开密钥的哈希	1
0x05	脚本哈希	3
0x08	私密密钥 WIF 形式	5
0x0488B21E	BIP32 扩展公开密钥	xpub

8.4.4 生成地址

公开密钥生成地址的过程如下。

（1）利用 SHA-256 将公开密钥进行哈希处理生成哈希值①。

（2）将哈希值①通过 RIPEMD-160 进行哈希处理生成哈希值②。

（3）将哈希值②进行 Base58Check 编码。

如清单 8.5 所示显示了根据上述过程生成地址的代码。在运行代码之前，需要先使用 pip 命令安装 Base58 库。另外，利用未压缩的公开密钥作为公开密钥的格式。

● [终端]

```
$ pip install base58
```

清单 8.5　地址的生成

输入

```
import os
import ecdsa
import hashlib
import base58
```

```
private_key = os.urandom(32)
public_key = ecdsa.SigningKey.from_string(private_key,➡
curve=ecdsa.SECP256k1).verifying_key.to_string()

prefix_and_pubkey = b"\x04" + public_key ——— ①

intermediate = hashlib.sha256(prefix_and_pubkey).digest()
ripemd160 = hashlib.new('ripemd160')
ripemd160.update(intermediate)
hash160 = ripemd160.digest() ——— ③

prefix_and_hash160 = b"\x00" + hash160 ——— ②

# 确认嵌套了hashlib.sha256!
double_hash = hashlib.sha256(hashlib.sha256(prefix_and➡
_hash160).digest()).digest()
checksum = double_hash[:4] ——— ④
pre_address = prefix_and_hash160 + checksum ——┐
                                              ├⑤
address = base58.b58encode(pre_address) ——————┘
print(address.decode())
```

输出

```
1LnDk2TfxvsuJk71xLq28sAkS7YFnThPcA
```

下面就代码中的内容进行解说。

```
prefix_and_pubkey = b"\x04" + public_key
```

清单 8.5 ①的部分表示将未压缩的公开密钥的前缀 04 添加到公开密钥上。

```
prefix_and_hash160 = b"\x00" + hash160
```

清单 8.5 ②的部分表示将公开密钥哈希的版本前缀 00 和公开密钥哈希进

行合并。关于这之前的代码，与公开密钥的生成的步骤是相同的。另外，通过 SHA-256 进行哈希处理，以及进一步通过 RIPEMD-160 进行哈希处理，统称为 HASH160。

```
hash160 = ripemd160.digest()
```

清单 8.5 ③的部分表示生成 HASH160。

接下来，在清单 8.5 ④中利用 SHA-256 进行两次哈希处理之后，取出前 4 个字节（清单 8.5 ④）。

```
checksum = double_hash[:4]
```

```
preaddress = prefix_and_hash160 + checksum

address = base58.b58encode(preaddress)
```

同样，在清单 8.5 ⑤中，取得的校验和并利用 Base58 对其进行编码，以此生成地址。通过执行如清单 8.5 所示的代码，可以获得如输出部分显示的结果。

在执行 Base58Check 编码的过程中，可以理解其与如图 8.7 所示的过程的对应关系。

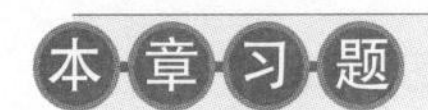

问题一

请选择一个关于对私密密钥生成地址的过程的描述不正确的选项。

（1）通过椭圆曲线加密由私密密钥生成公开密钥。

（2）地址是按照私密密钥→公开密钥→地址的顺序生成的。

（3）地址是私密密钥和公开密钥组合并进行哈希处理的值。

（4）通过 Base58 编码，将其转换为易于查看的字符串。

问题二

当私密密钥为“01147afe0f4b6332feb1c45aad835c7f89fd272de42974acda47e1f145ac2d89”时，请生成公开密钥。

问题三

用问题二中生成的公开密钥生成地址。

第9章 钱包

在学习区块链时，无法回避钱包的概念。下面我们依次讲解钱包的概念及其演变。

9.1 什么是钱包

钱包并不是存储密码资产本身，而是存储与该资产关联的私密密钥。

9.1.1 钱包管理私密密钥

正如我们已经看到的，公开密钥和地址是从私密密钥生成的，所以私密密钥是非常重要的数据。换句话说，拥有私密密钥与拥有资产几乎是同样含义。

钱包的形式各不相同。它可以是在互联网上使用的、高度方便的 Web 钱包，可以是在 PC 上使用的桌面钱包，可以是在 USB 等终端上使用的硬件钱包，以及可以是打印在纸上的纸钱包。

此外，根据钱包的状态，可以将其大致分为连接到互联网的热钱包和脱机管理的冷钱包。

9.1.2 钱包的安全性和便利性

由于钱包中包含重要数据，其安全性自然成为关注的焦点。同时又因为其经常进行如汇款和收款这样的资产转移，它的便利性也变得非常重要。既安全又方便的钱包是大家最为期待的，但两者兼备的钱包基本上是很难实现的，如图 9.1 所示。

图 9.1　钱包的便利性和安全性的困境

例如，在热钱包的状态下，由于始终连接在互联网上，因此可以轻松进行诸如转账之类的资产转移。但是，它们往往容易受到经由互联网的攻击，使得其安全性相对较低。实际上，从虚拟货币交易平台泄露加密资产的事件中，大部分都是黑客攻击热钱包的事件。在冷钱包状态下，由于冷钱包是脱机管理的，因此无需担心外部黑客入侵的风险。但是，当需要进行汇款等资产移动时必须连接互联网，这使得其便利性较差。

尽管这和存储私密密钥的功能是相同的，但是由于其形式的不同，也就有了其自身的安全性和便利性的特点。读者可以根据自己的需要选择适合的钱包。

目前为止，我们已经介绍了钱包的基本内容，但最重要的一点是“钱包是用于管理私密密钥的”。根据私密密钥管理的形式以及是否与互联网连接，钱包可以分为不同的类型，每种类型都有其各自的优点和缺点，读者有必要根据不同情况正确使用它们。

但是，无论使用哪种钱包，在兼顾安全性和便利性之间的平衡时都必须处理私密密钥的复杂性，这一点是不会改变的。例如，如果将私密密钥作为冷钱包进行管理，而将公开密钥或地址作为热钱包进行管理，可以提高钱包的安全性和便利性。因此，已经设计出如确定性钱包和 HD 钱包等各种类型的钱包。

9.2 非确定性钱包和确定性钱包

根据密钥的生成方式和管理方式的不同，钱包大致可分为两类。 如果将两者进行比较，会发现其在管理私密密钥和公开密钥的成本上存在显著的差异。

9.2.1 非确定性钱包

非确定性钱包是一种通过钱包中的私密密钥以一对一关系创建公开密钥的钱包如图 9.2 所示。有多少个公开密钥就需要有多少私密密钥，这使得钱包所需要管理的私密密钥的数量变多。由于是随机地生成公开密钥，它也被称为随机钱包。比特币在早期使用了这种类型的钱包。

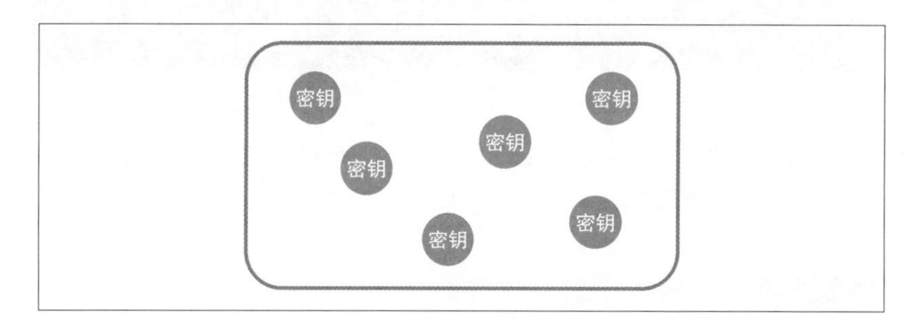

图 9.2 非确定性钱包示意图

在非确定性钱包的情况下，密钥之间没有相互关联，因此当丢失私密密钥时，没有人可以使用与之关联的公开密钥以及比特币。由于公开密钥和私密密钥是一对一关联的，一旦丢失，将很难恢复成原来的私密密钥。

9.2.2 确定性钱包

确定性钱包是指根据称为“种子”的单个随机数生成多个密钥的钱包，如图 9.3 所示。通过从作为双亲的私密密钥一个一个地生成作为子的私密密钥，在密钥之间建立了相互的依赖关系。由于存在依赖关系，甚至可以通过备份原始种子来还原所有私密密钥。

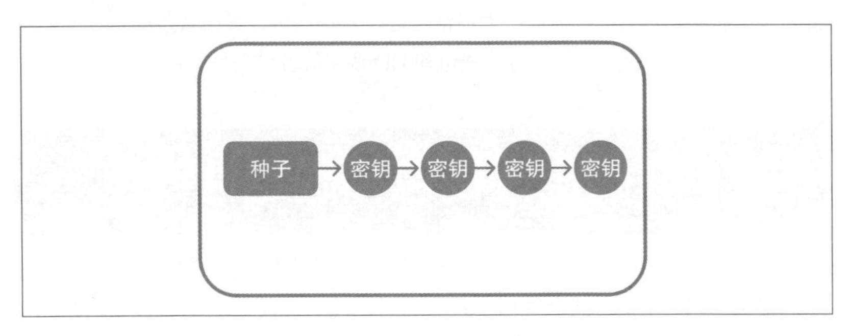

图 9.2　确定性钱包示意图

与非确定性钱包不同，确定性钱包允许在种子能够取得可靠备份的情况下还原密钥，从而轻松导出和导入钱包。由于种子可以提高钱包的便利性，因此受到了广泛关注。除此之外，确定性钱包进一步技术性地推进了分层确定性钱包（HD 钱包）的研究。

9.3　分层确定性钱包（HD 钱包）

使用分层确定性钱包（HD 钱包）将进一步降低管理私密密钥和公开密钥的成本并提高其可用性。

9.3.1 HD 钱包概述

HD 钱包与确定性钱包一样，由称为种子的随机数生成多个密钥。 与确定性钱包的区别在于，它可以从一个父密钥生成多个子密钥。密钥之间的关系是树状结构，因此可以根据目的不同而分别使用，例如仅将某个分支用于特定的用途，如图 9.4 所示。另外，由于可以从父公开密钥生成子私密密钥和子公开密钥，因此不需要过于频繁地访问私密密钥，安全性也有所提高。

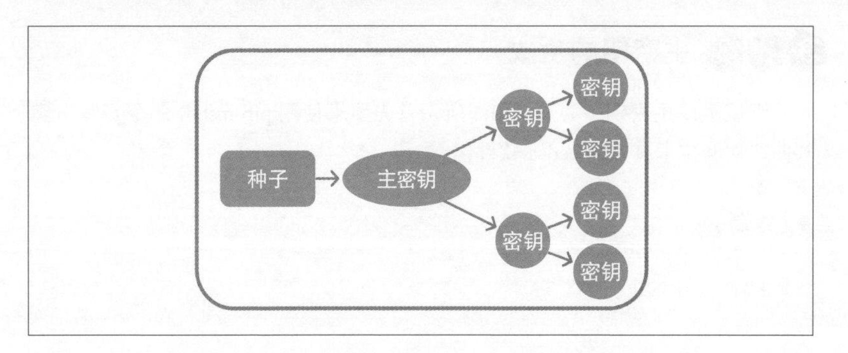

图 9.4　分层确定性钱包（HD 钱包）的示意图

9.3.2 主私密密钥、主公开密钥与链码

最开始在 HD 钱包中生成的私密密钥和公开密钥分别称为主私密密钥和主公开密钥。如图 9.5 所示显示了从随机数的种子生成主私密密钥和主公开密钥的过程。

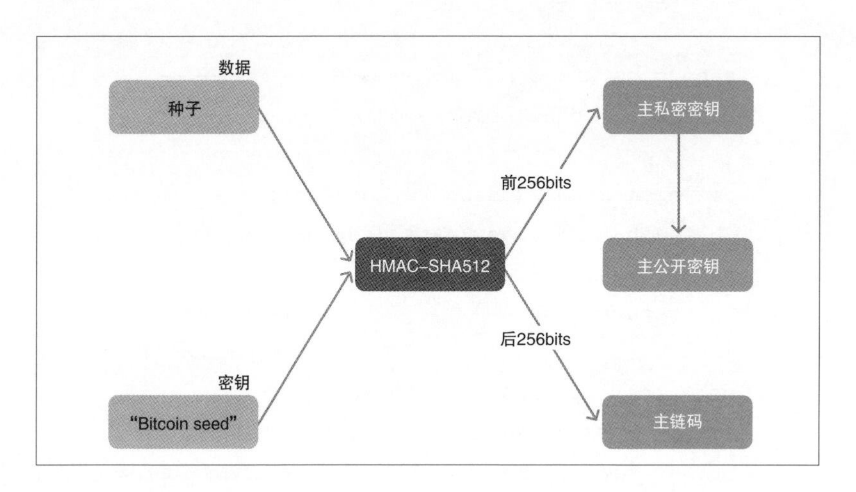

图 9.5　主密钥生成的过程

HMAC-SHA512 是一种通过输入数据和密钥这样两个数据，输出 512 位哈希值的函数。对于比特币来说，此时的密钥固定为 Bitcoin seed（比特币种子）。输出的前 256 位是主私密密钥，后 256 位是主链码。链码是在生成子密钥时，在 HMAC-SHA512 的两个输入数据中作为密钥输入的数据。

9.3.3 主密钥的生成

尝试生成主密钥，如清单 9.1 所示首先要求使用 pip install 命令安装与椭圆曲线加密技术有关的 ecdsa 软件包。

●[终端]

```
$ pip install ecdsa
```

清单 9.1 主密钥和主链码的生成

输入

```
import os
import binascii
import ecdsa
import hmac
import hashlib

seed = os.urandom(32) ―――――――――――――――――――― ①
root_key = b"Bitcoin seed"

def hmac_sha512(data, keymessage): ――――――┐
    hash = hmac.new(data, keymessage, ➡      ├②
hashlib.sha512).digest()                    │
    return hash ――――――――――――――――――――――┘

def create_pubkey(private_key): ―――――――――――┐
    publickey = ecdsa.SigningKey.from_string(➡ │
private_key, curve=ecdsa.SECP256k1).verifying_key.➡ ├③
to_string()                                 │
    return publickey ―――――――――――――――――――┘
```

```
master = hmac_sha512(seed,root_key) ——————— ④
master_secretkey = master[:32]
master_chaincode = master[32:]
master_publickey = create_pubkey(master_secretkey) — ⑤

master_publickey_integer = int.from_bytes(➡
master_publickey[32:], byteorder="big")

# 压缩公开密钥的生成
if master_publickey_integer % 2 == 0:
    master_publickey_x = b"\x02" + master_publickey➡
[:32]                                                ⑥
else:
    master_publickey_x = b"\x03" + master_publickey➡
[:32]

# 主私密密钥的生成
print("主私密密钥")
print(binascii.hexlify(master_secretkey))
#主链码
print("\n")
print("主链码")
print(binascii.hexlify(master_chaincode))
#主压缩公开密钥
print("\n")
print("主公开密钥")
print(binascii.hexlify(master_publickey_x))
```

在清单 9.1 所示中，通过 seed = os.urandom(32)，生成一个 32 字节的随机数。接下来定义两个函数。第一个函数是 hmac_sha512(data, keymessage)，定义了一个执行 HMAC-SHA512 处理的函数。第二个函数是 create_pubkey(private_key)，定义了通过椭圆曲线加密由私密密钥生成公开密钥的函数。这部分与第 8 章的清单 8.2 所做的处理相同。

在 master = hmac_sha512(seed,root_key) 中以 seed 作为数据并以 root_key 作为密钥来执行 HMAC-SHA512 处理。输出的 512 位（64 字节）哈希值的前半部分作为主私密密钥，后半部分作为主链码分别存储在不同的变量中。

在 master_publickey = create_pubkey(master_secretkey) 中，生成一个公开密钥，但由于这是未压缩的公开密钥，因此，在清单 9.2 所示代码中将其转换为压缩的公开密钥。因为需要根据不同的情况分别变为偶数和奇数，附加不同的前缀，所以用 if 语句将它们分别处理。第 8 章对此过程进行了说明。

清单 9.2　压缩公开密钥的生成

```
master_publickey_integer = int.from_bytes(master_publickey➡
[32:], byteorder="big")

# 压缩公开密钥的生成
if master_publickey_integer % 2 == 0:
    master_publickey_x = b"\x02" + master_publickey[:32]
else:
    master_publickey_x = b"\x03" + master_publickey[:32]
```

清单 9.3 显示了清单 9.1 的输出结果。由于输出结果是根据随机数而变化的，因此该值将在每次输出时发生变化。

清单 9.3　清单 9.1 的输出结果

输出

```
主私密密钥
b'01f2d0d4a656e128557c71d2ad6e13b378e546490f0afd8b3e0d➡
9b83f5b2a9e3'


主链码
b'92e3a2ee3081f455fb1faabc4527a8b123c17b0d34f4dc174220➡
8c6e2c1a5e62'


主公开密钥
b'0252a388d5c5d651f282abf8ea20f5f35ed7a485f26920ef1f3d➡
304285f3907c61'
```

9.3.4 子密钥的生成

生成子密钥时，将生成的链码作为密钥代入 HMAC-SHA512 中。如图 9.6 所示显示了创建子密钥（子私密密钥和子公开密钥）的过程。该过程与生成主密钥或主链码的过程非常相似，但是关键是数据生成过程和子私密密钥的生成过程。首先，作为代入到 HMAC-SHA512 中的数据，使用将索引附加到父公开密钥开始位置的数据。这样可以表示所生成的密钥是第几个密钥。其次，在生成子私密密钥时，通过将父私密密钥、索引和 HMAC-SHA512 的输出结果的前 256 位（32 字节）进行相加计算。

另外，在生成“子密钥的子密钥（孙密钥）”时，HMAC-SHA512 的输出结果的后 256 位（32 字节）作为 HMAC-SHA512 的密钥使用。通过像这样链锁式地生成密钥，可以大量地、高效地生成具有相互依赖关系的密钥。

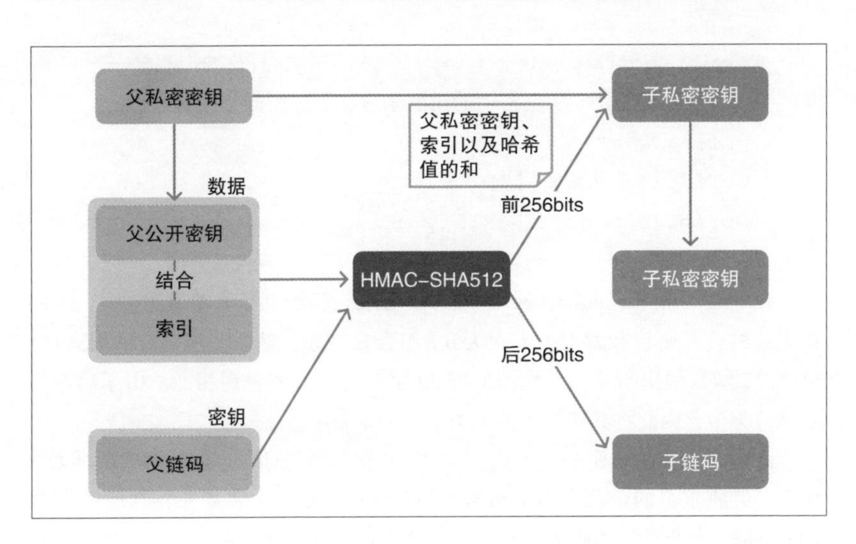

图 9.6　子密钥的生成过程

9.3.5 子私密密钥的生成

接着 9.3.3 小节的程序，如清单 9.1 所示，在其后续追加如清单 9.4 所示的程序代码。

清单 9.4　清单 9.1 中追加的代码

输入

```
(…略：清单9.1…)
index = 0
index_bytes = index.to_bytes(8, "big")
data = master_publickey_x + index_bytes ——— ①
result_hmac512 = hmac_sha512(data, master_chaincode)

# 父私密密钥和HMACSHA512结果的前半部分求和
sum_integer = int.from_bytes(master_secretkey, "big") + \ ②
int.from_bytes(result_hmac512[:32], "big")

p = 2**256 - 2**32 - 2**9 - 2**8 - 2**7 - 2**6 - 2**4 - 1
child_secretkey = (sum_integer % p).to_bytes(32,"big") ③
# 子私密密钥(从主密钥的角度来看，下一层的私密钥匙)
print("\n")
print("子私密密钥")
print(binascii.hexlify(child_secretkey))
```

在 data = master_publickey_x + index_bytes 部分中（清单 9.4 ①），将前面生成的公开密钥和索引（本次为 0）组合在一起，然后使用定义的 HMAC-SHA512 函数输出哈希值。此值的前 32 字节与父私密密钥相加。由于哈希值是字节类型，因此将其转换为整数类型（清单 9.4 ②）。

此时，为防止私密密钥变得大于 32 字节，将其对一个数值很大的质数 p 求余，并将求得的余数作为子私密密钥存储在变量中（清单 9.4 ③）。程序中 p 的值是一个非常大的质数，但是这部分内容涉及高深的数学计算，这里将其省略。输出结果如清单 9.5 所示。

清单 9.5　追加清单 9.4 后清单 9.1 的输出结果

输出

```
子私密密钥
b'216b47b223d000f6fbf1804c3110aff21e2c53533f67dc0313➡
7f006ea6375cae'
```

9.3.6 扩展密钥

扩展密钥为包含私密密钥、公开密钥以及诸如链码之类的信息的密钥。之所以这么称呼它，是因为它在信息方面和功能方面比普通的私密密钥和公开密钥有所扩展。

引入扩展密钥，目的是使 HD 钱包可以在不同服务器之间移动。从在 HD 钱包中生成子密钥的过程来看，生成子密钥需要一个父密钥、一个链码和一个索引，仅有父密钥是无法生成子密钥的。因此，需要创建一个汇总了父密钥的数据以及为了生成子密钥所需要的链码之类的数据的密钥，这样不仅可以使得移植变得很方便，而且可以生成该密钥之后的子代的密钥组。扩展密钥格式如表 9.1 所示。

表 9.1　**扩展密钥的格式**

数据项	含　义	容　量（字节）
Version bytes	Mainnet: 公开密钥 0x0488B21E，私密密钥 0x0488ADE4 Testnet: 公开密钥 0x043587CF，私密密钥 0x04358394	4
Depth	主密钥为 0x00 时候的深度	1
Fingerprint	父公开密钥的 HASH160 的开始位置的 4 字节	4
Child number	表示是第几个子密钥的索引	4
Chain code	链码	32
Key	压缩公开密钥或私密密钥	33
Checksum	检测错误和非法操作的校验和	4

如果将压缩的公开密钥放在 Key 部分中，则为扩展公开密钥；如果将私密密钥放入其中，则为扩展私密密钥。可以从扩展公开密钥生成子公开密钥，并且不需要私密密钥。由于不需要私密密钥，因此可以在保持安全性的同时生成地址。通过利用这种特性，可以分布式地管理冷钱包和热钱包中的密钥。可以使用冷钱包管理诸如种子和主私密密钥这样的重要信息，而使用热钱包管理小型交易和高价值交易的公开密钥。

9.3.7 强化衍生密钥

强化衍生密钥是指在生成子密钥时，作为 HMAC-SHA512 数据的私密密钥，如图 9.7 所示。在扩展密钥使用压缩的公开密钥时，公开密钥作为 HMAC-SHA512 的数据来使用。但是，这种方法具有很大的风险。让我们来思考一下使用扩展密钥在第三方服务上生成子公开密钥或地址的情况。为了生成子私密密钥，将父私密密钥和 HMAC-SHA-512 的前 32 字节加在一起。同样，使用该服务意味着父公开密钥和父链码是已知的。此时，如果子私密密钥由于某种原因泄露出去，则同一层次结构中的所有私密密钥均将能够被识别。这是因为子私密密钥只是父私密密钥和其他信息单纯的求和结果，因此使用已知的父公开密钥和父链码等，可以像如图 9.7 所示那样进行逆算求出父私密密钥。

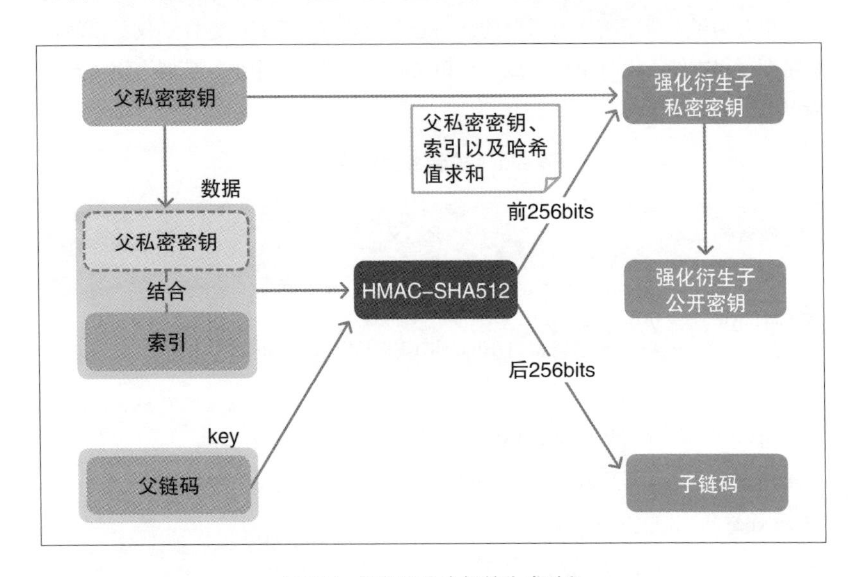

图 9.7　强化衍生密钥的生成过程

子私密密钥　=　父私密密钥　+　其他信息
→ 父私密密钥　=　子私密密钥　－ 其他信息

即使将父私密密钥保存在冷钱包中，这也可以让第三方很容易地获知。为了解决这一安全性问题，提出使用私密密钥作为数据而不是公开密钥的方案。用这种方法生成的密钥称为强化衍生密钥。

9.3.8 HD 钱包的路径

HD 钱包使用如 URL 之类的路径来识别树状结构中的密钥的位置。通过使用斜线分隔来表达密钥的世代结构，以提高可读性。此时，主私密密钥由 m

表示，主公开密钥由 M 表示。另外，一般的密钥和强化衍生密钥通过有无撇号来区分，正常密钥表示为 0，强化衍生密钥表示为 0'。通过以这种方式进行表达，使得即使层次变得很深也可以区分。如表 9.2 所示是路径表达的示例。

表 9.2　路径表达的示例

结　构	解　释
m/0	从主私密密钥生成第一代子私密密钥
M/2	第三代子公开密钥
m/0/1'	第一代子密钥的第二代的强化衍生的私密密钥

但是，如果是无限深的层次的话，管理会非常困难。因此，提出了赋予路径结构的每一层含义的方案，以便能够方便地对其进行管理。在此提案中，如下例所示，分别准备了包含五种信息的层次结构，以便于理解。

```
m / purpose' / coin_type' / account' /change / address_index
```

purpose' 代表钱包的用途，设置为 44 或 49。44 来源于 BIP44 中的提案（请参阅“说明”），用以预先定义层次结构的含义。49 是根据导入 SegWit 而设置的（请参阅“说明”）。

说明

BIP

Bitcoin Improvement Proposals 的缩写，为了改善比特币而由世界各地的工程师和研究人员提出的草案。目前为止，关于比特币技术的讨论很多，而且实际上也已经实现了很多。

bitcoin/bips

URL　https://github.com/bitcoin/bips

说明

SegWit

通过将交易数据中的签名部分保存在被称为 witness 的其他区域，可以在不改变签名正确性的情况下，避免篡改交易数据，并且可以实现压缩交易数据容量的技术。

coin_type' 设置用于指定虚拟货币的信息。比特币的主网设置为 0，比特币的测试网络设置为 1，莱特币设置为 2，以太坊设置为 60。对每种虚拟货币分配的数字由 BIP44 预先定义。还可以将新代币注册在 coin_type 中，并为该代币重新分配一个索引。

account' 对应于一个账户，可以分为个人用或组织用。另外，change 只能设置为 0 和 1，分别为收货和找零。使用 address_index 层的公开密钥生成实际的地址。表 9.3 所示是该规则的示例。

表 9.3 基于 BIP44 的路径表达式示例

结　构	解　释
M/44'/0'/0'/0/0	第一个比特币账户的第一个收货用公开密钥
M/44'/0'/1'/1/1	第二个比特币账户的第二个找零用公开密钥
M/44'/60'/1'/1/19	第二个以太坊账户的第 20 个找零用公开密钥

问题一

请选择一个正确描述各种钱包特征的选项。

（1）冷钱包为在线管理密钥。
（2）热钱包为在线管理密钥。
（3）如果长时间存储密钥，硬件钱包丢失数据的可能性较高。

问题二

请选择一个关于非确定性钱包和确定性钱包的错误描述选项。

（1）在不确定性钱包中，管理的密钥之间不存在依赖关系。
（2）在确定性钱包中，需要管理所有生成的密钥。
（3）在确定性钱包中，只需要管理作为源头的种子。

问题三

请选择一个关于比特币 HD 钱包特征的错误描述。

（1）在 HD 钱包中，由称为种子的随机数生成多个密钥。

（2）在 HD 钱包中，一个父密钥生成一个子密钥。

（3）在 HD 钱包中，使用 HMAC-SHA512，返回 512 位的哈希值。

问题四

通过清单 9.4 中的程序进一步生成公开密钥。该公开密钥是主密钥下一级的公开密钥。

第10章 交易

交易是很多区块链中最重要的机制之一。在这里，我们以所有区块链的原型——比特币的交易机制为中心来进行讲解。

10.1 比特币区块链的交易

比特币区块链上的交易包括输入（input）、输出（output）以及其他关联数据。

10.1.1 比特币中交易数据的结构

在比特币中创建和管理交易数据是区块链技术非常重要的一部分。交易是描述多少金额以及如何汇款的数据。交易数据本身不包含任何用于识别个人的特定的数据，例如由谁汇款给谁这样的数据，而是通过使用私密密钥或公开密钥的数字签名的方式来证明所有权的。

区块链是以串珠状连接各个区块，以形成前后依赖关系并保持其整体的数据一致性。交易数据也具有相同的链状结构，主要由输入和输出组成，如图 10.1 所示。

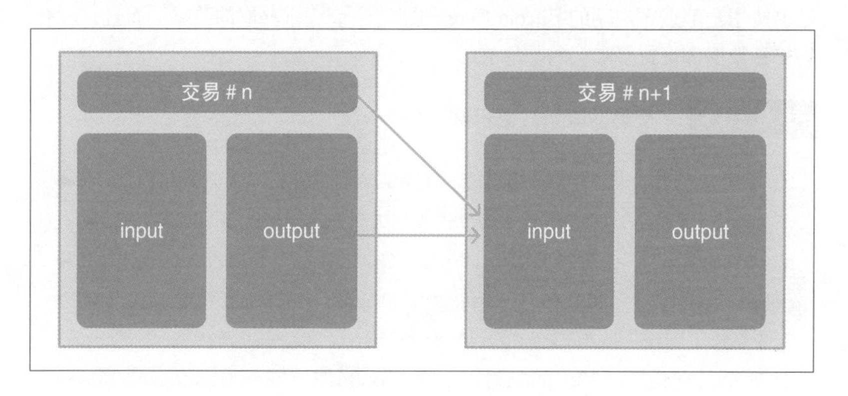

图 10.1　交易的构成

交易数据的基本构造如表 10.1 所示。

表 10.1　**交易数据的构造**

数据项	长　度（字节）	内　容
Version	4	指定要遵循的规则。通常为 1。限制交易使用期限时指定为 2

（续表）

数据项	长 度 （字节）	内 容
Input counter	1 ~ 9	该交易数据中包含的输入数据的数量
Inputs	可变长	数据输入
Output counter	1 ~ 9	该交易数据中包含的输出数据的数量
Outputs	可变长	数据输出
Locktime	4	在此处设置值以指定存储在区块中的时间

从图 10.1 和表 10.1 中可以看到，交易数据由输入、输出以及其他相关数据组成，如同一种链状的形式。

10.1.2 查看实际的交易数据

让我们看看实际的交易数据。如清单 10.1 所示的数据是原始交易数据的示例。这是包含在区块高度为 111111 的区块中的交易 ID 为 0e942bb178dbf7ae40d36d238d559427429641689a379fc43929f15275a75fa6 的数据。同时，该数据是由使用全节点客户端的 Bitcoin Core 创建的全节点所获取的数据。而且，所有的交易数据都设置了唯一的交易 ID。

清单 10.1 交易的原始数据示例

```
010000000245d50a313eb89a71bb501380334e58973b7b3c0fb4614f8645➡
d07d728b8574aa010000008c493046022100b3c7f1c56384c6145673b94f➡
a226af8d02a263a1ed9f3505fdf0e94cc681193e022100d677eb3cbb9b82➡
da961626ccfdc31a6041195123ae236b5ed1a34250c4163e73014104545e➡
7c6d2acc161567860039bc3068d4af5432b1afe34d2909bf8996b95c10a6➡
445692bc3f458a0503c45084f99329d5e90d84f21a52a5d11add62eb2634➡
0db2ffffffff49de1cd30c20d1f22a2e966b0d195d20b0f133e8de426f7d➡
1610525a64a09daf000000008b483045022100d4ea6ce46296548d38f02d➡
a337daebef00f443134f3b68f4ad8946a961728b0402207573dc96e32403➡
7d1934fa5105a517608364a2b273e694dce53714745fa135f4014104e896➡
67c1c2cf4eb91324debcc7742b8eb22406c59d6033794124efb7cce37b78➡
ddd5e3c3474aeb9dbf7689c9d36d776b7d21debe4d75142cb43a2529fb3a➡
6da4ffffffff0100286bee000000001976a914c1ac9042b50a9d2e7a6a1b➡
42bad66e61a9ec3f6b88ac00000000
```

请注意，该数据是十六进制序列化数据。猛一看，无法理解是什么含义，但是转换为 JSON 格式，则如清单 10.2 所示。

清单 10.2　转换为 JSON 格式

```
{
  "txid": "0e942bb178dbf7ae40d36d238d559427429641689a➡        ─┐
379fc43929f15275a75fa6",  ──────────────────────────────────┘①
  "hash": "0e942bb178dbf7ae40d36d238d559427429641689a37➡
9fc43929f15275a75fa6",
  "version": 1,
  "size": 405,
  "vsize": 405,
  "weight": 1620,
  "locktime": 0,
  "vin": [
    {
      "txid": "aa74858b727dd045864f61b40f3c7b3b97584e3380135➡
0bb719ab83e310ad545",
      "vout": 1,
      "scriptSig": {
        "asm": "3046022100b3c7f1c56384c6145673b94fa226af8d02➡
a263a1ed9f3505fdf0e94cc681193e022100d677eb3cbb9b82da961626cc➡
fdc31a6041195123ae236b5ed1a34250c4163e73[ALL] 04545e7c6d2acc➡
161567860039bc3068d4af5432b1afe34d2909bf8996b95c10a6445692bc➡
3f458a0503c45084f99329d5e90d84f21a52a5d11add62eb26340db2",
        "hex": "493046022100b3c7f1c56384c6145673b94fa226af8d➡
02a263a1ed9f3505fdf0e94cc681193e022100d677eb3cbb9b82da961626➡
ccfdc31a6041195123ae236b5ed1a34250c4163e73014104545e7c6d2acc➡
161567860039bc3068d4af5432b1afe34d2909bf8996b95c10a6445692bc➡
3f458a0503c45084f99329d5e90d84f21a52a5d11add62eb26340db2"
      },
      "sequence": 4294967295
    },
    {
      "txid": "af9da0645a5210167d6f42dee833f1b0205d190d6b962➡
```

```
e2af2d1200cd31cde49",
      "vout": 0,
      "scriptSig": {
        "asm": "3045022100d4ea6ce46296548d38f02da337daebef00➡
f443134f3b68f4ad8946a961728b0402207573dc96e324037d1934fa5105➡
a517608364a2b273e694dce53714745fa135f4[ALL] 04e89667c1c2cf4e➡
b91324debcc7742b8eb22406c59d6033794124efb7cce37b78ddd5e3c347➡
4aeb9dbf7689c9d36d776b7d21debe4d75142cb43a2529fb3a6da4",
        "hex": "483045022100d4ea6ce46296548d38f02da337daebef➡
00f443134f3b68f4ad8946a961728b0402207573dc96e324037d1934fa51➡
05a517608364a2b273e694dce53714745fa135f4014104e89667c1c2cf4e➡
b91324debcc7742b8eb22406c59d6033794124efb7cce37b78ddd5e3c347➡
4aeb9dbf7689c9d36d776b7d21debe4d75142cb43a2529fb3a6da4"
      },
      "sequence": 4294967295
    }
  ],
  "vout": [
    {
      "value": 40.00000000,
      "n": 0,
      "scriptPubKey": {
        "asm": "OP_DUP OP_HASH160c1ac9042b50a9d2e7a6a1b42ba➡
d66e61a9ec3f6b OP_EQUALVERIFY OP_CHECKSIG",
        "hex": "76a914c1ac9042b50a9d2e7a6a1b42bad66e61a9ec3f➡
6b88ac",
        "reqSigs": 1,
        "type": "pubkeyhash",
        "addresses": [
          "1Jf48wufcDpPQ2EEgX1jUULuTHVzDhqBSF"
        ]
      }
    }
  ]
}
```

开头的 0e942bb178dbf7ae40d36d238d559427429641689a379fc43929f15275a75fa6 是该交易的 ID。每笔交易都设置有唯一的 ID。另外，vin 和 vout 分别指交易的输入数据和输出数据。

vin 的数组部分是该交易的输入部分。在该示例中，可以看到如图 10.2 所示的两个输入数据的存储。由 txid 指定引用的交易 ID，并在 vout 部分中指定使用第几个输出数据。通过以这种方式使用 txid 和 vout，可以唯一确定正在引用哪个交易的哪个输出数据。在这里，可以看到引用了第一个输入数据的 txid 为 aa74858b727dd045864f61b40f3c7b3b97584e33801350bb719ab83e310ad545 的交易的第二个输出数据。

```
  {
        "txid": "aa74858b727dd045864f61b40f3c7b3b97584e33801350bb719ab83e310ad545",
        "vout": 1,
①       "scriptSig": {
          "asm": "3046022100b3c7f1c56384c6145673b94fa226af8d02a263a1ed9f3505fdf0e…
          "hex": "493046022100b3c7f1c56384c6145673b94fa226af8d02a263a1ed9f3505fdf…
        },
        "sequence": 4294967295
    }

  {
    "txid": "af9da0645a5210167d6f42dee833f1b0205d190d6b962e2af2d1200cd31cde49",
    "vout": 0,
②   "scriptSig": {
      "asm": "3045022100d4ea6ce46296548d38f02da337daebef00f443134f3b68f4ad89…
      "hex": "483045022100d4ea6ce46296548d38f02da337daebef00f443134f3b68f4ad…
    },
    "sequence": 4294967295
  }
```

图 10.2　交易的输入部分

vout 的数组部分是该交易的输出部分。在此示例中，仅存储一个。其中包括金额和收款人的地址等。asm 部分包含一个脚本，稍后将对其进行说明，定义了使用该输出数据的条件。

10.1.3 尝试获得交易数据

前面已经介绍的交易数据是通过使用 BitcoinCore 设置全节点获得的数据，但是也可以无须专门设置全节点而是使用公共 API 来获取数据。本节主要这种方法。首先，本次使用的开源 API 是称为 blockchain.info 的 Web 服务。还可以使用其他诸如 smartbit 之类的服务。如果使用开源 API，则无须自己拥有所有数据即可获取必要的数据。在 Python 中使用 API 时，要用到称为 requests

的第三方软件包。该软件包可以轻松地实现 HTTP 通信，并且可以通过指定开源 API 的 URL 来执行诸如提供和获取数据之类的操作。其次，在使用它之前，需要事先使用 pip install 命令安装它。

●［终端］

```
$ pip install requests
```

继续进行交易数据的获取处理。首先，本次获取的交易是区块高度为 11111 的区块中包含的数据，其交易 ID 为 0e942bb178dbf7ae40d36d238d5594 27429641689a379f c43929f15275a75fa6。有了这些信息，可以通过运行如清单 10.3 所示的程序来获取原始交易数据。

清单 10.3　从开源 API 获取原始交易数据的代码

输入

```
import requests

APIURL = "https://blockchain.info/rawtx/"
TXID = "0e942bb178dbf7ae40d36d238d559427429641689a379fc➡
43929f15275a75fa6"

r = requests.get( APIURL + TXID + "?format=hex" )
print(r.text)
```

需要使用已安装的 requests 软件包，因此在代码最开始部分使用了 import requests 语句。接下来定义的 APIURL 和 TXID 是使用该 API 所需的基本信息。在 APIURL 中，设定了本次使用的开源 API 的 URL。同时，在 TXID 中，设定本次处理对象的交易数据的 ID。像这样预先定义基本信息，可以提高代码的可读性。例如，当要改变交易 ID 或使用其他的开源 API 时，仅需要改变事先定义的部分，这样做还可以防止出现不必要的错误。

在 requests.get(APIURL + TXID + "?format=hex") 语句中，将 URL 作为参数来向 blockchain.info API 服务器发送 GET 请求。由于 GET 方法是一种请求文件和数据的方法，因此，客户端可以获取所需的数据。在 URL 之后附加 “?format= hex” 的原因是为了获取以十六进制形式编写的交易数据。另外，在 print（r.text）语句中，.text 用以将响应正文部分转换为文本格式。顺便说一句，发出请求后返回的数据称为响应数据，分为几个部分，请求数据的内容也包含在主体（body）部分中。因此，可以通过以文本格式输出响应数据的正文部分来获得如清单 10.4 所示的结果。

执行如清单 10.3 所示的代码，可以得到如清单 10.4 所示结果。

清单 10.4 使用开源 API 获取的交易数据

输出


```
010000000245d50a313eb89a71bb501380334e58973b7b3c0fb461➡
4f8645d07d728b8574aa010000008c493046022100b3c7f1c56384➡
c6145673b94fa226af8d02a263a1ed9f3505fdf0e94cc681193e02➡
2100d677eb3cbb9b82da961626ccfdc31a6041195123ae236b5ed1➡
a34250c4163e73014104545e7c6d2acc161567860039bc3068d4af➡
5432b1afe34d2909bf8996b95c10a6445692bc3f458a0503c45084➡
f99329d5e90d84f21a52a5d11add62eb26340db2ffffffff49de1c➡
d30c20d1f22a2e966b0d195d20b0f133e8de426f7d1610525a64a0➡
9daf000000008b483045022100d4ea6ce46296548d38f02da337da➡
ebef00f443134f3b68f4ad8946a961728b0402207573dc96e32403➡
7d1934fa5105a517608364a2b273e694dce53714745fa135f40141➡
04e89667c1c2cf4eb91324debcc7742b8eb22406c59d6033794124➡
efb7cce37b78ddd5e3c3474aeb9dbf7689c9d36d776b7d21debe4d➡
75142cb43a2529fb3a6da4ffffffff0100286bee000000001976a9➡
14c1ac9042b50a9d2e7a6a1b42bad66e61a9ec3f6b88ac00000000
```


让我们看看清单 10.4 的结果和前面介绍的十六进制的交易数据（清单 10.1）是否相匹配。但是，只看这样的输出结果，是很难读懂的。因此，让我们改变一下数据的形式。转换数据形式，可以通过运行如清单 10.5 所示中的代码来实现。与清单 10.3 的唯一区别是参数 URL 中没有“?format = hex”。

清单 10.5 获取转换交易数据格式的代码

```
import requests

APIURL = "https://blockchain.info/rawtx/"
TXID = "0e942bb178dbf7ae40d36d238d559427429641689a379fc➡
43929f15275a75fa6"

r = requests.get( APIURL + TXID )
print(r.text)
```

如果运行清单 10.5 的代码，将获得如清单 10.6 所示的格式化数据。尽管格式与先前介绍的交易数据（清单 10.2）略有不同，但是可以看到内容几乎相同。特别是，让我们看看是否存在用于 input 和 output 的数据项，并且看看数据是否相对详细。

清单 10.6　获得的格式交易数据

输出

```
{
   "ver":1,
   "inputs":[
      {
         "sequence":4294967295,
         "witness":"",
         "prev_out":{
            "spent":true,
            "spending_outpoints":[
               {
                  "tx_index":323218,
                  "n":0
               }
            ],
            "tx_index":321153,
            "type":0,
            "addr":"1BNZJx7pM4GTqe8MgEZoji2fUS3fKnJH2i",
            "value":500000000,
            "n":1,
            "script":"76a91471c4f6b0f56fef3cbdbae6f2976➡
31a27ab159f9888ac"
         },
         "script":"493046022100b3c7f1c56384c6145673b94f➡
a226af8d02a263a1ed9f3505fdf0e94cc681193e022100d677eb3c➡
bb9b82da961626ccfdc31a6041195123ae236b5ed1a34250c4163e➡
73014104545e7c6d2acc161567860039bc3068d4af5432b1afe34d➡
2909bf8996b95c10a6445692bc3f458a0503c45084f99329d5e90d➡
84f21a52a5d11add62eb26340db2"
      },
```

```
        {
            "sequence":4294967295,
            "witness":"",
            "prev_out":{
                "spent":true,
                "spending_outpoints":[
                    {
                        "tx_index":323218,
                        "n":1
                    }
                ],
                "tx_index":323055,
                "type":0,
                "addr":"17vCmx3McuR3Z7ch2Nz83EoJN9J9p1dvdy",
                "value":3500000000,
                "n":0,
                "script":"76a9144be0a14399e3aad60a761f2e3f6➡
58902548423e788ac"
            },

"script":"483045022100d4ea6ce46296548d38f02da337daebef➡
00f443134f3b68f4ad8946a961728b0402207573dc96e324037d19➡
34fa5105a517608364a2b273e694dce53714745fa135f4014104e8➡
9667c1c2cf4eb91324debcc7742b8eb22406c59d6033794124efb7➡
cce37b78ddd5e3c3474aeb9dbf7689c9d36d776b7d21debe4d7514➡
2cb43a2529fb3a6da4"
        }
    ],
    "weight":1620,
    "block_height":111111,
    "relayed_by":"0.0.0.0",
    "out":[
        {
            "addr_tag_link":"https:\/\/bitcointalk.org\/➡
index.php?action=profile;u=4904",
            "addr_tag":"sanjay",
```

```
            "spent":false,
            "tx_index":323218,
            "type":0,
            "addr":"1Jf48wufcDpPQ2EEgX1jUULuTHVzDhqBSF",
            "value":4000000000,
            "n":0,
            "script":"76a914c1ac9042b50a9d2e7a6a1b42bad66e➡
61a9ec3f6b88ac"
        }
    ],
    "lock_time":0,
    "size":405,
    "double_spend":false,
    "block_index":125961,
    "time":1298920129,
    "tx_index":323218,
    "vin_sz":2,
    "hash":"0e942bb178dbf7ae40d36d238d559427429641689a37➡
9fc43929f15275a75fa6",
    "vout_sz":1
}
```

10.2 UTXO

UTXO 是用于管理比特币交易的重要概念。

10.2.1 UTXO 概述

UTXO 是 Unspent Transaction Output 的缩写，表示未花费的交易输出。在比特币的交易中使用 UTXO 模型管理交易，如图 10.3 所示。UTXO 的特征在于它不能分割为多个部分。这就如同即使将 1000 日元纸币撕成两半也不可能得到 500 日元纸币。当用户汇款生成交易时，收集到的 UTXO 不应该超出想要支付的金额。如果超出付款金额，余额部分通过将新的 UTXO 链接到新地址来管理。此时，消耗掉的 UTXO 是作为交易输入，而生成的 UTXO 是作为交易输出，这样就生成了交易数据。

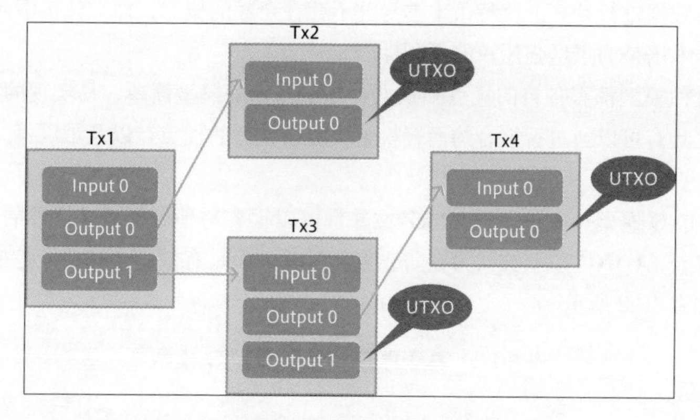

图 10.3　UTXO 的示意图

根据 10.1 节介绍的交易数据，如果存储在 vout 中的输出数据没有被利用，则该数据为 UTXO。我们可以看到，存储在 vin 中的两个输入数据在生成该交易时是 UTXO。

10.2.2 基于账户模型和 UTXO 模型

在区块链上管理虚拟货币和代币的余额主要有两种方法：基于账户的模型和 UTXO 模型，如图 10.4 所示。基于账户的模型管理每个账户有多少金额以及进出多少金额。想象为一个普通的银行账户，将很容易理解。以太坊使用基于账户的模型。

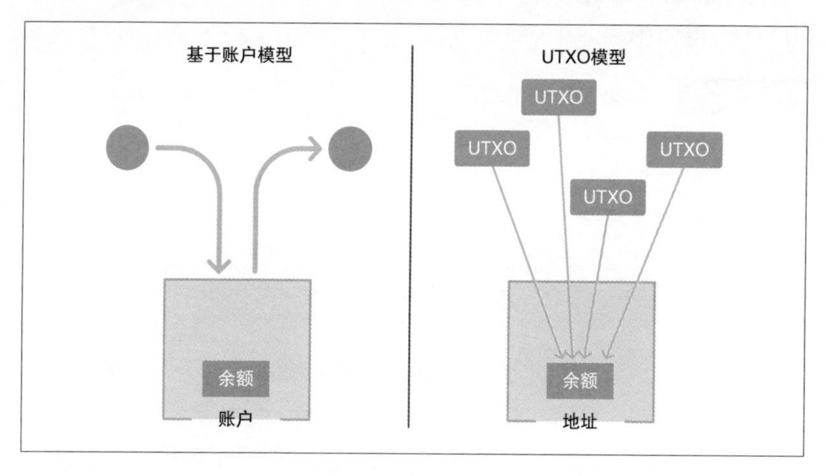

图 10.4　余额管理模型的比较

比特币的区块链使用 UTXO 模型。在计算余额时，从网络中获取未使用的输出数据进行计算。比特币中本身并不存在余额的概念，而在钱包中使用余额这个术语是为了增强用户的便利性。

每种模型都有各自的优点和缺点。基于账户的模型简单、易实现的特点，因此它具有可以通过智能合约而轻松解决复杂处理的优点，以及难以提高匿名性的缺点。

UTXO 模型具有可以提高匿名性并且可以很容易地确保可扩展性的优点。除此之外，UTXO 模型被认为在防止重复付款方面是有效的。其缺点是难以实现，如表 10.2 所示。

表 10.2　基于账户模型和 UTXO 模型

	基于账户模型	UTXO 模型
优点	• 易于实现 • 易于解决复杂处理问题	• 易于提高匿名性 • 易于提高可扩展性 • 易于防止重复付款
缺点	难以提高匿名性	实现起来很复杂

10.2.3 尝试获取 UTXO

让我们尝试获取实际的 UTXO。这次，我们将使用 blockchain.info 提供的 API。由于 UTXO 是和地址相关联的，因此必须指定一个特定的地址，在这里使用的是 3FkenCiXpSLqD8L79intRNXUgjRo H9sjXa。该地址是由比特币客户端 Bitcoin Core 的开发者 Bitcoin.org 发布。如清单 10.7 所示显示了收集 UTXO 所用到的代码。

清单 10.7　收集 UTXO 的程序

输入

```
import json
import requests

address = "3FkenCiXpSLqD8L79intRNXUgjRoH9sjXa"

res = requests.get("https://blockchain.info/➡
unspent?active=" + address)                         ①
utxo_list = json.loads(res.text)["unspent_outputs"] — ②
```

```
print("发现了"+str(len(utxo_list)) + "个UTXO! ")
for utxo in utxo_list:
    print(utxo["tx_hash"] + ":" + str(➡
utxo["value"]) + " satoshis")                    ③
```

在 res = requests.get("https://blockchain.info/unspent?active=" + address) 语句中（清单 10.7 ①），数据是通过 blockchain.info 的相应 URL 获得的。因为获取的数据为 JSON 格式，所以在 utxo_list = json.loads(res.text)["unspent_outputs"] 的部分中（清单 10.7 ②），将 json 数据中与 UTXO 相对应的部分 unspent_outputs 提取到 utxo_list 中。之后，显示 utxo_list 中存储的数据的数量。另外，通过使用 for 语句，可以为每个项目输出 tx_hash 和 value（清单 10.7 ③）。这里，satoshis 是比特币的货币单位，1 BTC = 1 亿 satoshis。

执行该代码，将获得如清单 10.8 中所示的输出结果。请注意，根据 UTXO 的状态不同，具体数据项的数量可能也会发生变化。

清单 10.8 清单 10.7 的输出结果

输出

```
发现了158个UTXO！
8e3a96faac9e2594206c2f13d8254d2e4fb00de1fa5b2f42b90bf2➡
6de5cf215e:1000 satoshis
f24ba491a636cd5f1f2dd52a1ccb01ea9fca94277418bdb3cc4faa➡
6befd2b2a2:42342 satoshis
ecae0c744fc1516be864ebaf32191a81b3697d456c99c706c909ef➡
786949ae3d:1380700 satoshis
c6cd29177eaf1b58b256f153774af0124f833b8d0d8f9a769922a5➡
e1bdd0e3e2:5000 satoshis
36c7f1526323477d12ee597d770f23425b92ce6f9d1cd1849cd28b➡
93cac5c6cf:800 satoshis
fab59e9889f1c3717148e394cf60ce590f832acbad3db3fb586812➡
aadb6c7350:28035 satoshis
80b719320843c434feb3efb4442aa2eed8e960e13e63aba2846cd1➡
f97ecfa63a:1101960 satoshis
```

```
8d4dbb63eb502878337b85791b5ebc2960e3b1932d80f3adaa93ab➡
130d5f3895:23816 satoshis
c383cc5a1ed3666f85b13087804244a500a0d34a25ebd62bb2efe5➡
83b28291c8:56678 satoshis
1dd49710dcfce62af956eee4130322e11f099abf6177c19bcb37ff➡
62736fdba9:29029 satoshis
dfa6b3ff4d010db594ede969ff412b93021e4842ced361a425cabe➡
b0b95fc90a:255617 satoshis
af37c4cc9c94749f6224bcff75f545c3da97969906dc75d863515b➡
5fb8fd2095:6340 satoshis
c24e29913b7f8c9defcf4adbedcfa29a52398726decebd7e8a0bb6➡
61a6e8e1d5:1139417 satoshis
13c9f498c026b334375ff697774fe7299da660d2eb6023b7585537➡
bb734e906f:136977 satoshis
5e9768b2133e1f94d13bfdf5c7a0130fe58a31cb06ede16b57fe8c➡
4d131c1ffb:37600 satoshis
a1c52e63a1b9bf6074d73664f0ce467485dec72640147554e301cc➡
9de8d7eaba:1101 satoshis
db9a72cfd96ac48c42c0726bf4aaea2bd1ba577c9020556b7db380➡
8404b402de:672 satoshis
b9f8478c0e2bd819e448a921c592ff261109d59514fea95fcc0d52➡
f0a18746ac:10716 satoshis
(…略…)
```

这些是与清单 10.7 所示的地址 3FkenCiXpSLqD8L79intRNXUgjRoH9sjXa 关联的 UTXO。由于比特币是公有链，因此可以看出，即使是完全第三方的信息，在某种程度上也是公开的。

10.3 基于代币的交易

成功采矿的矿工可以获得采矿奖励。获得奖励的交易称为基于代币的交易。基于代币的交易与我们迄今为止处理的交易不同。

交易是由输入和输出链接而成。那么，链锁的起点是如何形成的呢？答案是基于代币的交易。基于代币的交易是一种在采矿成功时接收到采矿奖励的交易，与其他交易数据不同，它没有输入值。也就是说，这是唯一不消耗 UTXO 的交易。另外，在网络中所有 UTXO 的总数就是迄今为止发行的比特币的总数。换句话说，基于代币的交易是在比特币网络中唯一的、增加总 UTXO 的交易。

让我们尝试查看基于代币的交易。如清单 10.9 所示显示了基于代币交易的原始数据，是区块高度为 111111 的、基于代币的交易数据。

清单 10.9　基于代币交易的原始数据

```
0100000001000000000000000000000000000000000000000000000000000000➡
00000000000000ffffffff0704cd2d011b0112ffffffff0100f2052a0100➡
00004341047b8d5e4b08e71b4e21edc71dc2b5040c0fc6cd1b8446500a95➡
e44fce027d95d7bf74ad3f94e6068f2b94dd4daadcfffc7673044c71876b➡
7e7061531b35b6a0a5ac00000000
```

该原始数据转换为 JSON 格式则如清单 10.10 所示。

清单 10.10　转换为 JSON 格式

```
{
  "txid": "e7c6a5c20318e99e7a2fe7e9c534fae52d402ef6544afd85a➡
0a1a22a8d09783a",
  "hash": "e7c6a5c20318e99e7a2fe7e9c534fae52d402ef6544afd85a➡
0a1a22a8d09783a",
  "version": 1,
  "size": 134,
  "vsize": 134,
  "weight": 536,
  "locktime": 0,
  "vin": [
    {
      "coinbase": "04cd2d011b0112", ——————— ①
      "sequence": 4294967295
    }
```

```
  ],
  "vout": [
    {
      "value": 50.00000000,
      "n": 0,
      "scriptPubKey": {
        "asm": "047b8d5e4b08e71b4e21edc71dc2b5040c0fc6cd1b84➡
46500a95e44fce027d95d7bf74ad3f94e6068f2b94dd4daadcfffc767304➡
4c71876b7e7061531b35b6a0a5 OP_CHECKSIG",
        "hex": "41047b8d5e4b08e71b4e21edc71dc2b5040c0fc6cd1b➡
8446500a95e44fce027d95d7bf74ad3f94e6068f2b94dd4daadcfffc7673➡
044c71876b7e7061531b35b6a0a5ac",
        "reqSigs": 1,
        "type": "pubkey",
        "addresses": [
          "1Jyv1RNBcfic1dQwDTRXNnsJ9Xxpvqcr27"
        ]
      }
    }
  ]
}
```

与开始时介绍的交易数据相比，输入部分（vin 部分）有所不同，可以看到它被写为 coinbase（清单 10.10 ①）。coinbase 表示这是一个基于代币的交易，这意味着不存在作为输入参照的 UTXO。

10.4 脚本语言与 OP_CODE

比特币的交易使用一种称为脚本语言的简单语言进行签名和验证。

10.4.1 脚本语言

脚本语言是一种使用称为堆栈的数据结构，并在堆栈中存储数据的语言。这种数据结构存储的数据是 LIFO（后进先出）形式，这就像将积木放在盒子中再拿出来一样。如图 10.5 所示，其具有堆叠的结构。

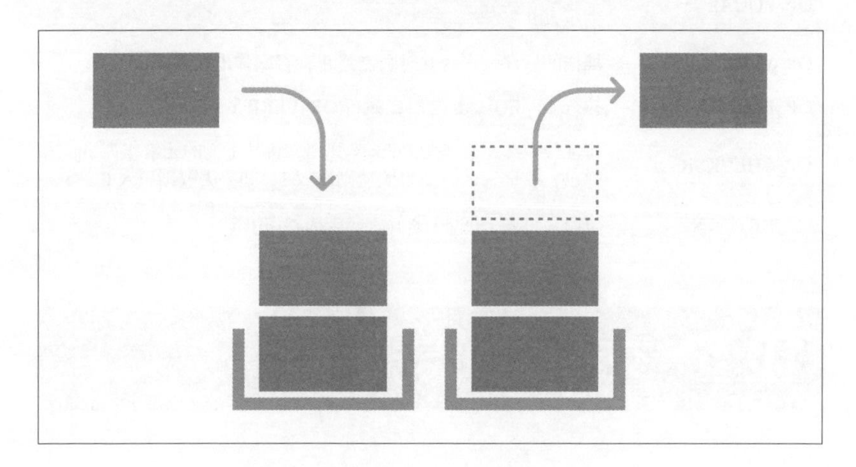

图 10.5　堆栈的示意图

10.4.2 OP_CODE

比特币使用称为 OP_CODE 的编码。OP_CODE 的特征是图灵非完备性和无状态验证。图灵非完备性是指无法进行复杂分支处理的属性，并且无法编写像 Python 那样的复杂程序。另外，无状态验证是指不具有任何状态的属性，即无论何人何时在何处执行同一代码，都将获得相同的结果。这些特征，在减少篡改交易数据的可能性的同时，有助于减少程序的漏洞。

OP_CODE 定义了如表 10.3 所示的指令及其内容。这些编码用于交易签名和验证。

表 10.3　OP_CODE 典型示例

命　令	内　容
OP_0、OP_FALSE	压入 0
OP_1、OP_TRUE	压入 1
OP_2 ~ OP_16	压入 OP_n 的 n 部分

（续表）

命　令	内　容
OP_DUP	压入与堆栈顶部元素相同的数据
OP_HASH160	弹出堆栈的顶部元素，并压入该 Hash160 的哈希值
OP_EQUAL	弹出堆栈的顶部元素及其下方的元素，如果相同则压入 1，否则压入 0
OP_VERIFY	堆栈的顶部元素为 0 时强制终止，否则弹出顶部元素
OP_EQUALVERIFY	执行 OP_EQUAL 之后，执行 OP_VERIFY
OP_CHECKSIG	将堆栈顶部元素作为 Pubkey 弹出，将其下方的元素作为 sig 弹出，验证签名，如果成功则压入 1，如果失败则压入 0
OP_RETURN	将与支付无关的 80 字节数据添加到输出中

10.5 交易的种类

比特币中交易有几种类型。下面将介绍三个具有代表性的交易类型。

10.5.1 Locking Script 和 Unlocking Script

交易由两种类型的脚本组成：Locking Script（锁定脚本）和 Unlocking Script（解锁脚本）。Locking Script 是写在输出中的，描述了消耗 UTXO 时必须满足的条件。Unlocking Script 是为了输出可用的脚本。重复进行这种锁定和解锁操作，交易的链锁形式便形成了。

实际的脚本是按 Unlocking Script → Locking Script 的顺序执行。执行 Unlocking Script 中指定的解锁条件后，便实现了满足 Locking Script 所指定条件的过程。如果在此过程中某处发生错误，则无法使用 UTXO。

10.5.2 交易的种类概述

在比特币的交易中，根据脚本形式的不同，交易类型也不同。这里介绍的是 P2PKH、P2PK、P2SH 三种类型，如表 10.4 所示。交易存在多种类型的原因有很多。例如，它们的设计目的不同，有的是提高交易的安全性，有的是提高便利性等。

表 10.4　**交易的种类**

类　型	说　明
P2PKH（Pay-to-Public-Key-Hash）	锁定公开密钥的哈希值
P2PK（Pay-to-Public-Key）	在 Locking Script 配置公开密钥
P2SH（Pay-to-Script-Hash）	使用哈希值简化复杂的脚本

10.5.3 P2PKH

截至 2019 年 9 月，经常可以看到 P2PKH（Pay-to-Public-Key-Hash）方法将公开密钥的哈希值写在输出中。Locking Script 和 Unlocking Script 如表 10.5 所示。

表 10.5　**P2PKH 的脚本**

脚本类型	脚本组成
Unlocking Script	<Signature> <Public Key>
Locking Script	OP_DUP OP_HASH160 <Public Key Hash> OP_EQUAL OP_CHECKSIG

在该脚本中堆栈的状态转换如图 10.6 所示。

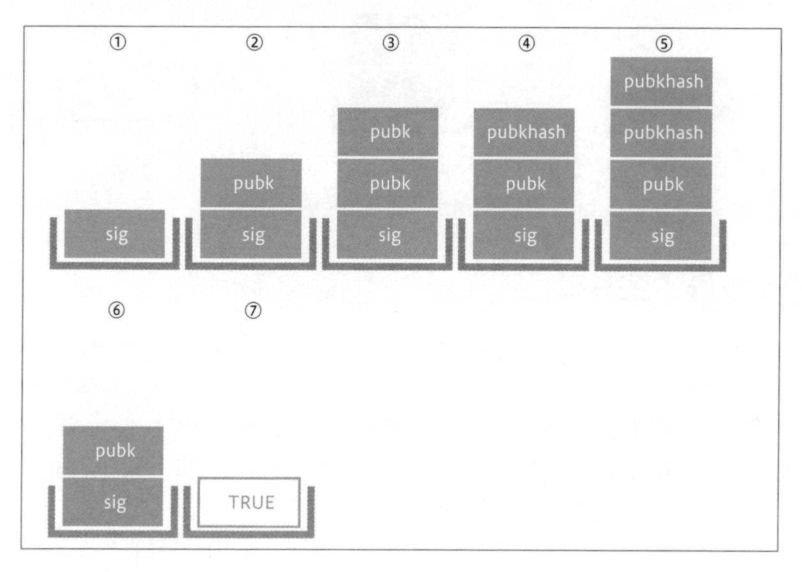

图 10.6　P2PKH 的堆栈状态转换

比起直接将公开密钥配置在 Locking Script 上，这种方式的优点是可以抑制数据的数量。这样即使交易的总量增加了，也可以使数据的数量不至于变得过大。

10.5.4 P2PK

P2PK（Pay-to-Public-Key）方式是在 Locking Script 上配置公开密钥的方式，是初期使用的比较古老的方式。Locking Script 和 Unlocking Script 如表 10.6 所示。

表 10.6　P2PK 的脚本

脚本类型	脚本组成
Unlocking Script	<Signature>
Locking Script	<Public Key> OP_CHECKSIG

在该脚本中堆栈的状态转换如图 10.7 所示。

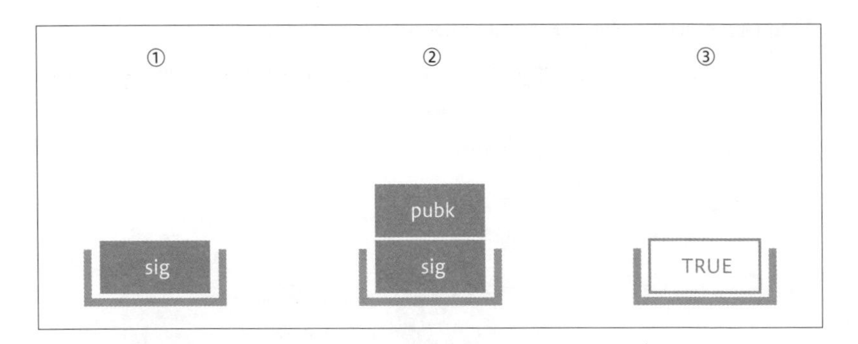

图 10.7　P2PK 的堆栈状态转换

10.5.5 P2SH

P2SH（Pay-to-Script-Hash）方法是一种新方法，可以处理更复杂的交易。要了解 P2SH 方法，需要了解多重签名的概念。多重签名是指使用多个密钥来分别锁定和解锁交易。如果注册的公开密钥的数量为 N，而所需签名的数量为 M，则表示为 M-of-N。多重签名是一种特殊的设计方法，当由多人管理比特币时，可以用更现实的方式对其进行安全管理。

现在，当处理诸如多重签名之类的复杂交易时，脚本将变得非常复杂。如果所需的公开密钥的数量很多，则锁定脚本中的公开密钥及其哈希值将很长。因此，P2SH 通过使用加密哈希函数使复杂的脚本变得简单。例如，在 2-of-3

的情况下，使用如表 10.7 所示的脚本。

表 10.7　P2SH 的脚本

脚本类型	脚本组成
Unlocking Script	OP_0 <signature A> <signature B> <Redeem Script>
Locking Script	OP_HASH160 <redeemScriptHash> OP_EQUAL
Redeem Script	2 pubkey A pubkey B pubkey C 3 OP_CHECKMULTISIG

对于 P2SH，首先验证 Redeem Script 和 Locking Script。在堆栈中按从 Redeem Script 到 Locking Script 的顺序执行。如果执行结果正确，则会运行 Unlocking Script 以解锁 Redeem Script。

与 P2PKH 和 P2PK 相比，P2SH 中新出现了 Redeem Script，哈希值被配置在 Locking Script 中是它的特征之一。通过删去复杂和多余的部分并对其进行哈希处理，可以使交易过程更加简单。

问题一

请选择一个有关交易说明的错误选项。

（1）比特币交易以脚本语言签名和验证。
（2）交易数据包括输入和输出。
（3）交易数据经过一段时间后将被删除。

问题二

请选择一个关于 UTXO 描述的正确选项。

（1）网络上的 UTXO 总数与当时发行的代币总数相同。
（2）从安全性的角度来看，所有区块链都使用 UTXO 模型。
（3）UTXO 可以自由分割。

问题三

请获取地址为 1RCJPNCX9xwhogz5XrKWDjpXF1qmSVXx 的 UTXO。

第11章 Proof of Work

工作量证明（Proof of Work）是一种在网络上所有节点共享正确信息的方式。本章将详细介绍工作量证明的内容，这是最重要的区块链技术之一。

11.1 Proof of Work

工作量证明（PoW）旨在确定诸如 P2P 网络这样的分布式系统中的正确信息。

11.1.1 Proof of Work 的过程

工作量证明的过程如图 11.1 所示。

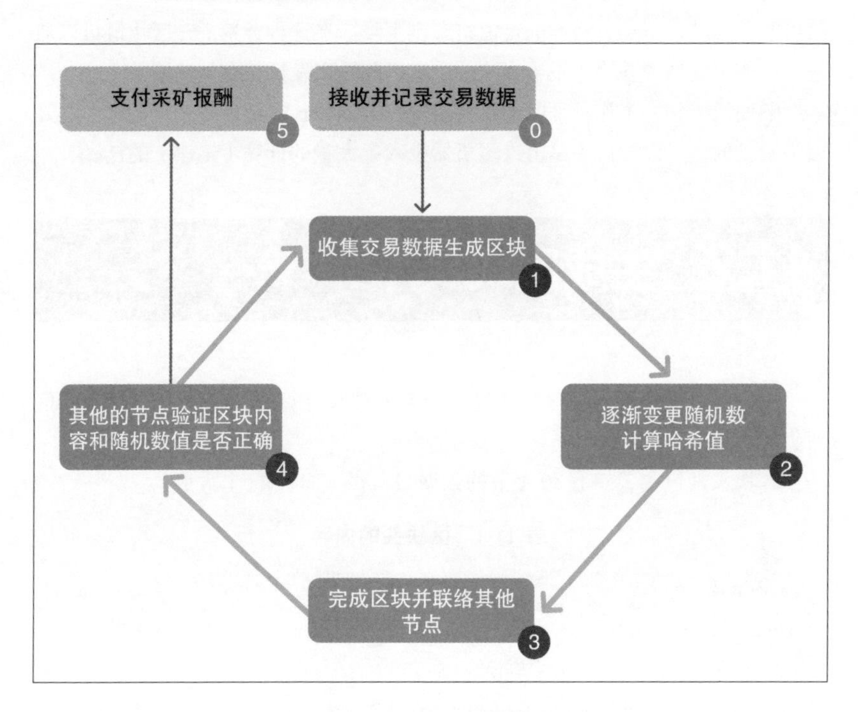

图 11.1　Proof of Work 的过程

可以看出，通过充分利用加密技术中哈希函数的特性，可以保持区块和其存储数据的完整性。

11.1.2 通过 Proof of Work 实现不易篡改的原因

区块链具有较强的防篡改的特性，其原因之一就是工作量证明。创建新的区块时，它将被链接在区块链的前端。例如，如果更改区块链中某部分的数据，则与其连接的区块中的所有数据都会改变，此时会执行大量的哈希计算。如果要使更改后的数据正确无误，则需要重新计算相关数据的哈希值并将其全部重写，为此，基于工作量证明需要投入大量的计算资源，即高性能的机器和大量的投资。此时，如果能够确保这些用来重新计算的资源，则进行常规采矿并获得采矿奖励在经济上被认为是合理的。

此外，如果发现了类似偷偷修改数据这样的欺诈行为，则比特币本身的价值可能会暴跌，所持有资产的价值将急剧下降。在这种背景下，区块链可以通过降低作弊的概率并给予正当合法的采矿以奖励来发挥正常的功能。

顺便说一句，工作量证明中有一条规则，即最长的链就是正确的链。这是因为最长的链可以被认为是由许多机器投入了大量的计算（工作）的链。

11.2 生成区块头

工作量证明是通过对区块头进行哈希处理来计算的。 让我们尝试查看区块头的生成。

区块头是包含了如下 80 字节的数据的内容，如表 11.1 所示。

表 11.1 **区块头的内容**

数据项	说　明	长　度
Version	版本	4 字节
prev block hash	前面一个区块的哈希值	32 字节
Merkleroot	使用哈希函数摘要的交易的哈希值	32 字节
Time	表示生成区块的时间的时间戳	4 字节
Difficulty bits	采矿的难易度	4 字节
Nonce	符合采矿条件的 Nonce（随机数）的值	4 字节

通常情况下，在进行采矿时，在确定了除区块头的随机数之外的数据之后，通过逐渐改变随机数的值来计算哈希值。

11.3 通过更改Nonce计算哈希值

当生成了不包括 Nonce（随机数）的区块头时，可以一边更改 Nonce 一边执行哈希计算。此时，重复这样的操作直到找到满足特定条件的哈希值为止。

11 3 1 哈希计算的概念

即使输入值变化微小，哈希函数输出的哈希值也会有很大变化。因此，无法从输出值推断出输入值。矿工在执行哈希计算时，别无选择，只能一点一点地更改 Nonce 的值进行蛮力破解。让我们以编程的方式来看看在哈希函数中输出值随输入值的变化而变化的程度。

如清单 11.1 所示的代码中，对于字符串“satoshi”，将对应的 Nonce 的数字一个一个地附加进去，计算哈希值。这里的 Nonce 使用了 0 ~ 19 这 20 个数字。

清单 11.1　逐渐更改值时的哈希值的计算

```
import hashlib

input_text = "satoshi"

for nonce in range(20):
    input_data = input_text + str(nonce)
    hash = hashlib.sha256(input_data.encode("UTF-8")).➡
hexdigest()
    print(input_data + " → " + hash)
```

在该程序中，在 input_data = input_text + str（nonce）语句中，将字符串 satoshi 和 Nonce 结合在一起，并通过 hashlib.sha256（input_data.encode（"UTF-8"）).hexdigest() 语句获得哈希值。Nonce 通过使用 for 语句重复执行从 0 到 19 这样的 20 次循环。运行该代码将产生如清单 11.2 所示的结果。

清单 11.2 逐渐更改值时的哈希值的计算

输出

```
satoshi0 → 4f9f790663d4a6cdb46c5636c7553f6239a2eca0319➡
4bb8e704c47718670faa0
satoshi1 → 0952ab89f7cb3010a3048adcbd58b43c9e82c61622a➡
c2d8893ff7c568f55c0bf
satoshi2 → 43c1badd8834f74a03471ef4f51e2d9f69c4fb9bbb4➡
76aeb2bd6ac4e41432aa1
satoshi3 → b8a25eafd4a22ba5d4510cfd5afe628a3497e42cd18➡
bf8d35e736c260d967a27
satoshi4 → be36eed769f4fa336843a5808bda6ef029d5cc9a917➡
e14bb38f6d740cefc29ac
satoshi5 → 1db1ebb2c528d0527b609b27c1d363f057e64d0c6e0➡
45dda339c860d726b23d8
satoshi6 → 445cb342afee90ebbd82490006a54f70646e1be2019➡
61d849c033bbaf36dcba1
satoshi7 → 8dabdf2893aa4693f36da21a5a32ddbf944f1a7e405➡
c5c5ce30cdfa2458b99e4
satoshi8 → ca35ad0c5f723110b34510b7396614f4d0b4a94081d➡
b918252009a53cf830da6
satoshi9 → 659edacbf0973449d9e1b3fa5c47f15411acd7ffa52➡
a8d334dd1c7fd546a4cd5
satoshi10 → 7388c143e1d4a951fb684798f39c30136019624eb8➡
a339e176c4fd6bae4f01ef
satoshi11 → 7ad1b4eb050e4538e9fde9ee378ce7f979bd922d1e➡
6ba9576c6ee5ac63648739
satoshi12 → 18d541974dd684ae87f69f18debafed9bd44ab50b7➡
6d27b5175ec580524681f0
satoshi13 → 6633993ec7430ef4ce49d2a541d40fd5a3fb406912➡
8d3626661bd75114909ad5
satoshi14 → cc53b18c134fc60dd99e8d7b6025996b3e782045f8➡
effb3d0a68992fbd65c2b3
satoshi15 → e22d46cf55a0b046cf0743da9a014b9c3bd9b50b30➡
085cbd0edb1648d483f4fe
satoshi16 → b66b71f3127b4bde44ca8007ad3ae52a56060e8877➡
de2b7b6fa6d0d53d412f3c
satoshi17 → 1289e0fa01d44d5d11a4c79a1508308c46d8e27089➡
8524312eb8325bdc73bb80
```

```
satoshi18 → 288e50d9d3ecdb9cce7ba388080d7adf01e91dfade➡
6ba78ee5f31c7642135c5d
satoshi19 → a4d8586fdc9529f56a53236f54f78b57b7538ccd08➡
dca50f327ca15d82ef05f6
```

从输出结果可以看出，即使 Nonce 是逐步一点一点变化的，输出的哈希值也是随机的，无法推测。

11.3.2 Difficulty bits 和 Difficulty Target

在 Proof of Work 中计算出的哈希值应满足的条件是怎样设定的呢？答案是在区块头的 Difficulty bits 里。在这个 4 字节的数据项中，记录了哈希值必须满足的条件。

Difficulty bits 是以 0x1e777777 的形式记录的。将它分解为前 1 字节和后 3 字节来进行说明，如图 11.2 所示。

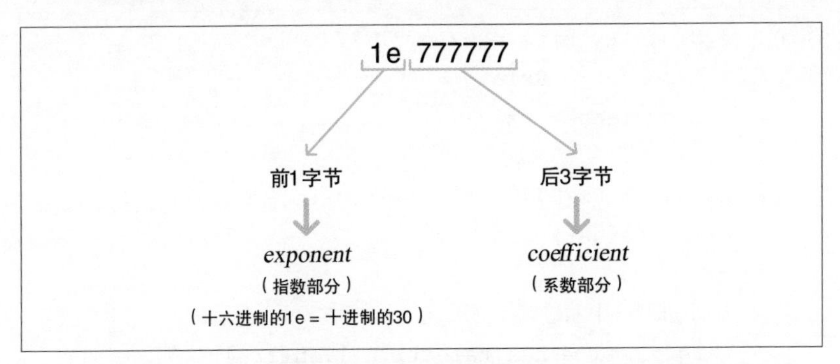

图 11.2　Difficulty bits 的思考方法（Difficulty bits 为 1e777777 的情况）

前 1 字节表示指数（exponent），后 3 字节表示系数（coefficient）或数值（value），可以将其理解为"coefficient 从右第 exponent 字节开始 32 字节的值"。在工作量证明中，区块头是通过 Double-SHA256 进行哈希处理的，因此输出的哈希值是 32 字节。成功的条件是 32 字节的哈希值小于"coefficient 从右第 exponent 字节开始 32 字节的值"。这时，"coefficient 从右第 exponent 字节开始 32 字节的值"被称为难度目标（Difficulty Target），如图 11.3 所示。

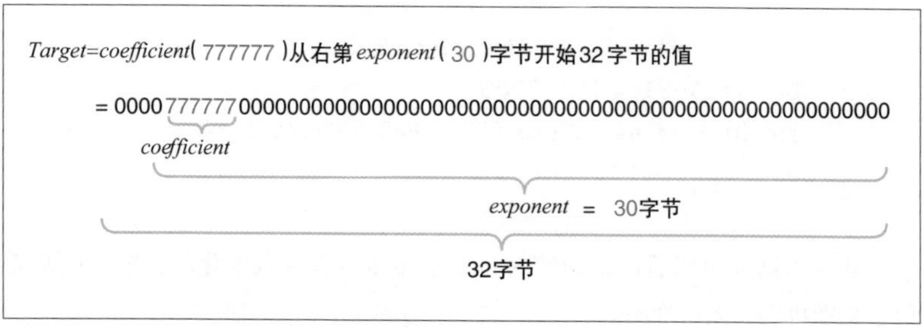

Target=coefficient（777777）从右第 *exponent*（30）字节开始32字节的值

= 0000777777000000000000000000000000000000000000000000000000

coefficient

exponent = 30字节

32字节

图 11.3 Target 的计算方法（Difficulty bits 是 1e777777 的情况）

实际上，从 bits 转换为 Target 时，使用以下的计算公式。

$$\text{Target} = \text{coefficient} \times 2^{8(\text{exponent}-3)}$$

基于此计算公式，转换“0x1e 777777”的程序如清单 11.3 所示。

清单 11.3 由 Difficulty bits 计算 Target

输入

```
# difficulty_bits = 0x1e777777
# exponent = 0x1e
# coefficient = 0x777777

target = 0x777777 * 2**(8*(0x1e - 0x03))
print(target)

# 十进制→十六进制
target_hex = hex(target)[2:].zfill(64)
print(target_hex)
```

清单 11.3 所示代码的输出结果如清单 11.4 所示。输出中上面的数值是 Difficulty Target 的十进制表示，下面的数值是十六进制表示。另外，十六进制总共 32 字节，除数值位外，其余位用 0 填充。.zfill() 是通过参数指定的位数，在右端填充 0 的方法。另外，使用 hex(target)[2:] 排除前两个字符，这两个字符表示十六进制显示的 0x。

清单 11.4　清单 11.3 的输出结果

```
输出
82452858108417657514551837465161572167329073639091099➡
533830975258099712
000077777700000000000000000000000000000000000000000000➡
0000000000
```

11 3 3 区块头的哈希处理

如清单 11.5 所示显示了一个程序示例，该程序生成一个区块头并通过逐步更改 Nonce 的值来计算哈希值。让我们看一下工作量证明过程。

清单 11.5　简单工作量证明的实现

```
import hashlib

class Block():
    def __init__(self, data, prev_hash):
        self.index = 0
        self.nonce = 0
        self.prev_hash = prev_hash
        self.data = data

    def blockhash(self):
        blockheader = str(self.index) + str(➡
self.prev_hash) + str(self.data) + str(self.nonce)      ①
        block_hash = hashlib.sha256(➡
blockheader.encode()).hexdigest()
        return block_hash

    def __str__(self):
        return "Block Hash: " + self.blockhash() + ➡
"\nPrevious Hash: " + self.prev_hash + "\nindex: " + ➡
str(self.index) + "\nData: " + str(self.data) + ➡
"\nNonce: " + str(self.nonce) + "\n--------------"
```

```
class Hashchain():
    def __init__(self):
        self.chain = ["000000000000000000000000000000000➡
0000000000000000000000000000000"]

    def add(self, hash):
        self.chain.append(hash)

hashchain = Hashchain()
target = 0x777777 * 2**(8*(0x1e - 0x03))

for i in range(30):
    block = Block("Block " + str(i+1), hashchain.chain[-1])
    block.index = block.index + i + 1
    for n in range(4294967296):
        block.nonce = block.nonce + n
        if int(block.blockhash(), 16) < target:
            print(block)
            hashchain.add(block.blockhash())
            break
```
②

清单 11.5 所示的程序由 Block 和 Hashchain 两个类组成。Block 类定义了区块的索引和前一个区块的哈希值等变量，如清单 11.5 ①所示。

在 blockhash 方法中，创建区块头之后，通过 sha256 对其进行哈希处理，然后获取区块头的哈希值。block_hash 作为返回值，如清单 11.6 所示。

清单 11.6　blockhash 方法

```
def blockhash(self):
        blockheader = str(self.index) + str(self.prev_hash) + ➡
str(self.data) + str(self.nonce)
        block_hash = hashlib.sha256(blockheader.encode(➡
'utf-8')).hexdigest()
        return block_hash
```

同时，使用特殊方法 __str__ 输出区块的信息。

在 Hashchain 类中，定义了对所计算的哈希值的处理。首先，将 chain 定义为数组变量。数组中存储的 32 个字节全部为 0，是因为在第一次采矿中作为 prev_hash 没有哈希值。add 方法表示将计算得出的哈希值存储在准备好的 chain 数组中。通过调用 .append() 方法将计算出的哈希值追加到数组的末尾。

hashchain 是 Hashchain 类的一个实例。另外，计算 target 则作为采矿的难易度。在这里，通过 11.3.2 小节中提到的 Difficulty bits 的 1e777777 计算 Target。

清单 11.7 中有双重循环的 for 语句。在第一行的 for 语句中，从 Block 类中实例化一个区块，并对 Block 实例的索引值进行递增处理。第 4 行的 for 语句中，通过依次改变 Nonce 来计算符合条件的哈希值。在这个 for 语句中，将 range 的参数指定为 4294967296，因为 Nonce 是用 4 字节的十六进制表示的，所以 Nonce 的值为 16^8=4294967296。另外，4 字节的十六进制数能表现的最大值是 ffffffff。

清单 11.7　采矿处理的实现

```
for i in range(30):
    block = Block("Block " + str(i+1), hashchain.chain[-1])
    block.index = block.index + i + 1
    for n in range(4294967296):
        block.nonce = block.nonce + n
        if int(block.blockhash(), 16) < target:
            print(block)
            hashchain.add(block.blockhash())
            break
```

当哈希值小于设定的目标（target）的值时，将增加区块并输出区块的数据。如清单 11.8 所示，通过使用 int() 将哈希值设为十进制整数，可以将其与同样是整数的目标（target）进行比较。int() 方法的第一个参数是字符串，第二个参数是用来指定转换为几进制的参数。在这种情况下，哈希值被视为十六进制数，并转换为十进制整数。

清单 11.8　哈希值和目标值的比较

```
if int(block.blockhash(), 16) < target:
```

如果不满足该条件，则将 Nonce 值加 1，然后重新计算。通过执行这样的循环，来实现挖掘采矿的过程。

11.3.4 无法找到满足条件的哈希值时

顺便说一下，Nonce 在区块头中占了 4 字节。由于是用十六进制来表示的，所以 Nonce 值大约是 43 亿，即 16^8。无法知道通过这个 Nonce 值是否能找到符合条件的哈希值。但在这种情况下，可以用以下几种方法进行调整和计算。

首先举一个简单的例子，调整区块头的时间戳。因为采矿是使用全世界的机器进行的，所以每个机器内的时钟相互有误差的可能性很高。如果在实际的区块链中使用的时间戳不正确，那么区块的前后关系和时间戳的前后关系也会出现矛盾。因此，可以通过一点一点地调整时间戳来调整哈希计算的值。

另外，也有利用 Extra nonce 的情况。Extra nonce 是指包含在区块头以外的随机数，具体来说是利用基于代币的交易的 input 领域中的 coinbase script 的 8 字节。由于基于代币的交易是交易数据，所以和其他数据一起汇总后的摘要要存储在默克尔根上。当然，如果更改基于代币交易的数据时，默克尔根的值也会发生变动，由此区块头的哈希值也会发生变化。也就是说，基于代币的交易数据也可以和区块头中的 Nonce 一样作为调整对象。

本章习题

问题一

请选择一个关于 Proof of Work 的错误描述。

（1）在 Proof of Work 中，SHA-256 仅对上一个区块的区块头应用一次。
（2）整个网络的哈希能力越高，难度越高。
（3）Proof of Work 是在分布式网络上定义唯一信息的过程。

问题二

请选择一个关于 Proof of Work 过程的错误描述。

（1）通过更改 Nonce 并重复哈希计算来找到满足条件的哈希值。

（2）在比特币区块链上，采矿大约需要 10 秒钟。

（3）从哈希值推断 Nonce 非常困难，因此要进行蛮力破解式计算。

问题三

请选择一个关于 Proof of Work 难易度的正确描述。

（1）难易度是以 4 字节的形式存储在区块头中的数据。

（2）Difficulty bits 被分解成前 2 字节和后 2 字节进行解释。

（3）难度越高挖掘报酬越高。

读书笔记

第

创建区块链

篇

从这里开始，我们将通过实际创建一个简单的区块链来加深对区块链技术的理解。

第12章 区块链实现概要

截至第11章，我们已经学习了区块链以及Python语言的基础知识。从本章开始，我们将通过具体实践来加深对区块链的理解。

12.1 实现区块链

让我们先规划一下想要实现的区块链的结构和功能，然后试着去实现区块链的主要结构。

12.1.1 实现区块链的结构

本书中实现的区块链是非常简单、容易的，但是读者可以通过这一例子来理解区块链的主要结构。在第 13 章将会实现一个普通的区块链，该区块链具备基本的采矿、目标计算、创世区块的生成等基本结构，如图 12.1 所示。在第 14 章中，将会在第 13 章中实现的普通区块链的基础上进行自定义，增加几个功能。具体来说，就是介绍默克尔根的计算以及难易度调整（retargeting）的方法。如之前介绍的那样，默克尔根是利用存储在区块中的交易，以默克尔树数据结构的形式和哈希函数摘要而成的数据。实际上，作为区块头的一部分，这被视为是与区块内交易相互关联的重要数据。另外，难易度调整是根据采矿所消耗的时间来提高或者降低难易度，从而使得在目标时间内采矿成功。

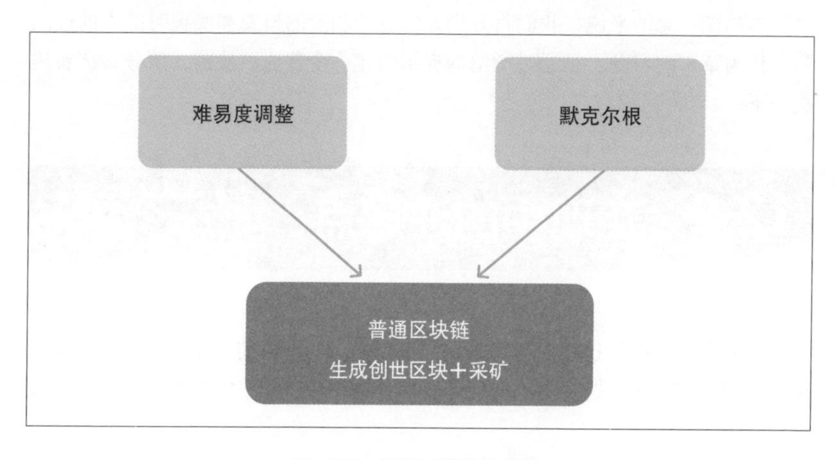

图 12.1 普通区块链的结构

在实现普通区块链的程序中，可以在 Block 类中控制每个区块的状态，在 Blockchain 类中处理与这些区块的连接相关的状态。通过应用这两个类，可以进行与采矿相关的处理、创世区块以及新区块的生成等，可以学习到区块是如何生成的。

12.1.2 关于功能

普通区块链的主要功能如下。

（1）区块的构建。
（2）通过 Difficulty bits（以下称为 bits）计算目标值。
（3）采矿。
（4）生成创世区块。
（5）新生成区块的连接。

当然，实际的比特币区块链还实现了更多的功能（例如，钱包功能、P2P网络等），由于本书的目的是了解区块链的基本结构，因此，仅挑选并实现上述区块链的功能。

12.1.3 关于自定义

除了上述普通区块链的功能外，还将增加诸如默克尔根计算和难易度调整之类的功能。总的来说，我们将分别介绍每个功能的概要和实现时的方向性问题。作为章末的习题，是通过所给的提示构建一个普通区块链，请务必试着挑战一下。

12.2 实现中的注意点

在实现区块链的过程中需要关注一些注意点。到目前为止，我们已经解释说明了以比特币区块链为中心的代码，但是请记住，本书的讲解对象主要是普通区块链。

12.2.1 为初学者设定的学习内容

本书是专门为区块链和 Python 语言的初学者而编写的。因此，实现普通区块链所使用的代码是为了使初学者也能够容易理解而编写的。只要能够理解本书中所介绍的基本语法，并且愿意投入时间来学习，即使是初学者也能够理解这些内容。

另外，由于上述原因，书中也存在相对冗长的描述。实际上，Python 语言提供了各种有用的功能和符号来使代码更加简洁，处理速度更加快速。例如内包和类继承等。内包语法如清单 12.1 所示，可以简化条件分支语句和循环处理语句。使用内包语法的优点是可以简化代码和缩短执行时间。

清单 12.1　内包示例①

```
double1 = [i*2 for i in range(5)]
print(double1)
```

输出

```
[0, 2, 4, 6, 8]
```

这个内包的方法所实现的功能与使用清单 12.2 所示的 for 语句所实现的功能一致。

清单 12.2　内包示例②

输入

```
double2 = []
for i in range(5):
    double2.append(i*2)
print(double2)
```

输出

```
[0, 2, 4, 6, 8]
```

同样，类继承是面向对象语言的特征，这是一种将信息从一个类提供给另一类的方法。通过这种子类使用父类的变量和方法的处理方式，可以轻松方便地实现一个类似的类。

Python 的这些功能是非常便利的，如果能够很好地利用这些功能，则程序的可读性和处理速度将得到提高，但是这对于初学者来说也将是一个小小的负担。因此，在这里我们的目的是用最基本的语法来实现所需的功能，以便读者能够容易阅读和理解。如果希望编写更加精练的代码，可以以本次的程序为核心内容，利用诸如内包记述方法等更加简便的方式尝试完善程序，这也是一种很好的学习方法。

12.2.2 无法实际应用

比特币和以太坊区块链由世界各地的优秀工程师开发，并且随着时间的流逝，在安全性和功能性上都得到了很大的完善。本次实现的区块链在功能性和安全性上并不符合实际应用的要求，因此请读者仅将其用于学习。另外，由于本书的目的是了解和掌握区块链的“轮廓”（概要），因此并未实现钱包功能和交易数据生成的功能。从这个意义上讲，本书中的代码也是无法在实际环境中应用的。

12.2.3 采矿的成功时间

采矿的成功时间是由 Blockchain 类中定义的 bits 进行调整的。在默认的情况下，普通区块链设置为 1e777777，采矿将在几秒钟内成功。如果将该数据更改为 1d777777，则采矿将花费大约 2 至 4 分钟。

在默认的情况下，会生成包括创世区块在内的 31 个区块，因此，如果将 bits 设为 1d777777 时，则大约需要 1 小时才能生成所有区块。当然，由于采矿有可能会在几秒钟内成功，也有可能需要 10 分钟左右才能完成，因此不能一概而论地说要花费多长时间。因此，在运行该程序后，需要稍微等一段时间，观察采矿的进展状况。推荐的做法是在运行程序的同时，阅读、学习本书。请注意，即使在执行后没有立即显示结果，也不表明程序出现错误。

第13章 创建普通区块链

本章我们实际来实现一个简单的区块链以加深理解。在理解本书讲述的区块链和 Python 基础知识的同时完成简单区块链的实现。

13.1 普通区块链

在这里，我们来看看普通区块链的整体情况。比起细节性内容，我们先来理解输出结果和大致的处理流程等内容。

13.1.1 普通区块链的实现

实现普通区块链的程序如清单 13.1 所示。

清单 13.1　普通区块链

输入

```
import hashlib
import datetime
import time
import json

INITIAL_BITS = 0x1e777777
MAX_32BIT = 0xffffffff

class Block():
    def __init__(self, index, prev_hash, data, ➡
timestamp, bits):
        self.index = index
        self.prev_hash = prev_hash
        self.data = data
        self.timestamp = timestamp
        self.bits = bits
        self.nonce = 0
        self.elapsed_time = ""
        self.block_hash = ""

    def __setitem__(self, key, value):
        setattr(self, key, value)
```

```
    def to_json(self):
        return {
            "index"        : self.index,
            "prev_hash"    : self.prev_hash,
            "stored_data" : self.data,
            "timestamp"    : self.timestamp.
strftime("%Y/%m/%d %H:%M:%S"),
            "bits"         : hex(self.bits)[2:].➡
rjust(8, "0"),
            "nonce"        : hex(self.nonce)[2:].➡
rjust(8, "0"),
            "elapsed_time": self.elapsed_time,
            "block_hash"  : self.block_hash
        }

    def calc_blockhash(self):
        blockheader = str(self.index) + str(self.prev_➡
hash) + str(self.data) + str(self.timestamp) + ➡
hex(self.bits)[2:] + str(self.nonce)
        h = hashlib.sha256(blockheader.encode()).➡
hexdigest()
        self.block_hash = h
        return h

    def calc_target(self):
        exponent_bytes = (self.bits >> 24) - 3
        exponent_bits = exponent_bytes * 8
        coefficient = self.bits & 0xffffff
        return coefficient << exponent_bits

    def check_valid_hash(self):
        return int(self.calc_blockhash(), 16) <= ➡
self.calc_target()
```

```
class Blockchain():
    def __init__(self, initial_bits):
        self.chain = []
        self.initial_bits = initial_bits

    def add_block(self, block):
        self.chain.append(block)

    def getblockinfo(self, index=-1):
        return print(json.dumps(self.chain[index].to_➡
json(), indent=2, sort_keys=True, ensure_ascii=False))

    def mining(self, block):
        start_time = int(time.time() * 1000)
        while True:
            for n in range(MAX_32BIT + 1):
                block.nonce = n
                if block.check_valid_hash():
                    end_time = int(time.time() * 1000)
                    block.elapsed_time = \
str((end_time - start_time) / 1000.0) + "秒"
                    self.add_block(block)
                    self.getblockinfo()
                    return
            new_time = datetime.datetime.now()
            if new_time == block.timestamp:
                block.timestamp += datetime.➡
timedelta(seconds=1)
            else:
                block.timestamp = new_time

    def create_genesis(self):
```

```
        genesis_block = Block(0, "0000000000000000000000➡
000000000000000000000000000000000000000000", "创世区块",➡
datetime.datetime.now(), self.initial_bits)
        self.mining(genesis_block)

    def add_newblock(self, i):
        last_block = self.chain[-1]
        block = Block(i+1, last_block.block_hash, ➡
"区块" + str(i+1), datetime.datetime.now(), ➡
last_block.bits)
        self.mining(block)


if __name__ == "__main__":
    bc = Blockchain(INITIAL_BITS)
    print("创世区块创建中……")
    bc.create_genesis()
    for i in range(30):
        print("正在创建第"str(i+2) + "个区块……")
        bc.add_newblock(i)
```

本程序是围绕本书开始时说明的基本语法编写的。由于使用了诸如 for 和 if 语句之类的基本语法，因此，只要仔细阅读本书的前半部分，便可以理解该程序。

13.1.2 输出结果

当运行清单 13.1 所示的程序时，将获得如清单 13.2 所示的输出结果。并且，该输出结果是以 JSON 格式显示的，目的是提高可读性。

清单 13.2　清单 13.1 的输出结果（JSON 格式）

输出

```
创世区块创建中……{
  "bits": "1e777777",
```

```
  "block_hash": "00001d59488a4b55934a65e6d45b88861ea3a2➡
912d3a8f9e3399943edd6c50f6",
  "elapsed_time": "0.008 秒",
  "index": 0,
  "nonce": "000006b7",
  "prev_hash": "0000000000000000000000000000000000000000➡
000000000000000000000000",
  "stored_data": "创世区块",
  "timestamp": "2019/09/25 14:48:19"
}
正在创建第2个区块……
{
  "bits": "1e777777",
  "block_hash": "00001fc548c730fecebf483f1487c328bb2824➡
4dfbbb9d29ca49eae93882699b",
  "elapsed_time": "0.207 秒",
  "index": 1,
  "nonce": "0000b66a",
  "prev_hash": "00001d59488a4b55934a65e6d45b88861ea3a29➡
12d3a8f9e3399943edd6c50f6",
  "stored_data": "区块1",
  "timestamp": "2019/09/25 14:48:19"
}

（略）

正在创建第30个区块……
{
  "bits": "1e777777",
  "block_hash": "00004fd9830c870246bc18de7dfe91951514cc➡
457b9827b1bd8d06366e6dfcd9",
  "elapsed_time": "0.064 秒",
  "index": 29,
  "nonce": "00003917",
```

```
  "prev_hash": "00004c375ed8d8090300a1ee9e96e60abb128bf➡
bb7b8fed3c50b32fa2f5c1921",
  "stored_data": "区块 29",
  "timestamp": "2019/09/25 14:48:34"
}
正在创建第 31 个区块……
{
  "bits": "1e777777",
  "block_hash": "0000613fc472c4e2eaf722408cb9be93a5afa1➡
94718d9d86fef5b55fdeff2d7b",
  "elapsed_time": "1.734 秒",
  "index": 30,
  "nonce": "0005b9e4",
  "prev_hash": "00004fd9830c870246bc18de7dfe91951514cc4➡
57b9827b1bd8d06366e6dfcd9",
  "stored_data": "区块 30",
  "timestamp": "2019/09/25 14:48:34"
}
```

可以从上面的输出结果中学到很多内容，但最重要的一点是，下一个区块存储了前一个区块的哈希值。在这种情况下，blockhash 是该区块的哈希值，prev_hash 是前一个区块的哈希值。我们可以看到这些区块前后的对应关系。

如果将清单 13.1 所示的 INITIAL_BITS 的值从 1e777777 更改为 1d777777，并再次执行，将得到如清单 13.3 所示的输出结果。

清单 13.3　清单 13.1 的 INITIAL_BITS 值改为 1d777777 的输出结果（JSON 格式）

输出

```
创世区块创建中……
{
  "bits": "1d777777",
  "block_hash": "0000000dc763c605cc883b2e5ddc776b8c100b➡
e4971de61b522fd9edce595e03",
```

```
  "elapsed_time": "93.604 秒",
  "index": 0,
  "nonce": "016cb281",
  "prev_hash": "00000000000000000000000000000000000000➡
00000000000000000000000000",
  "stored_data": "创世区块",
  "timestamp": "2019/09/26 18:39:11"
}
正在创建第2个区块……
{
  "bits": "1d777777",
  "block_hash": "0000001b67409cbe40d13edb188772949e33b0➡
38014baba694c6b2ce73955761",
  "elapsed_time": "209.994 秒",
  "index": 1,
  "nonce": "03432c25",
  "prev_hash": "0000000dc763c605cc883b2e5ddc776b8c100be➡
4971de61b522fd9edce595e03",
  "stored_data": "区块1",
  "timestamp": "2019/09/26 18:40:44"
}

（略）

正在创建第30个区块……
{
  "bits": "1d777777",
  "block_hash": "000000650b5755b324c6ce0f7db1a2a4b73b4c➡
684cf118a8efcac44c39371e7d",
  "elapsed_time": "465.509 秒",
  "index": 29,
  "nonce": "071b4e13",
  "prev_hash": "00000023769762d1e1b643f69037ef04b52749c➡
464cd788f4f11ab461033d96c",
```

```
  "stored_data": "区块 29",
  "timestamp": "2019/09/26 19:45:18"
}
正在创建第 31 个区块……
{
  "bits": "1d777777",
  "block_hash": "00000211ad1445e352429475a4018acfa0488➡
df1c7e9fa31d9710030bcec3cd",
  "elapsed_time": "211.98 秒",
  "index": 30,
  "nonce": "033a1105",
  "prev_hash": "000000650b5755b324c6ce0f7db1a2a4b73b4c6➡
84cf118a8efcac44c39371e7d",
  "stored_data": "区块 30",
  "timestamp": "2019/09/26 19:53:03"
}
```

bits 定义了难易度级别，并且与前两个字节的开头部分排列了多少个 0（Target 的位数）有关。当 bits 为 1e777777 时，至少有 4 个 0，但是当 bits 为 1d777777 时，至少有 6 个 0。这意味着在采矿的成功条件中，0 越多，该值越小，难易度越高。实际上，如果比较 bits 变更前后的 block_hash，可以看到排列的 0 的数目确实是不同的。

描述挖掘难易度等级的要素是 elapsed_time 和 nonce。elapsed_time 表示挖掘所需的时间（秒），尤其是在使用 1d777777 执行时，可以看出每个块都有一定的幅度。同样，需要长时间挖掘的区块的随机数的值有增大的趋势。 这意味着为了寻找 nonce，需要 for 语句从 0 开始做许多次的循环计算。

13.2 普通区块链的说明

在查看了具体的程序和输出结果后，让我们进一步深入学习下去。

13.2.1 两个类

本次实现的普通区块链大致由两个类组成，一个是 Block 类，另一个是 Blockchain 类。在 Python 等面向对象的程序设计语言中，类是描述对象的数据和处理。这里，我们准备了两个类，一个是定义每个区块状态的 Block 类，另一个是定义每个区块之间相互关系的 Blockchain 类。每个类都可以通过在程序中实例化来持有定义的状态，并对其进行处理。 接下来将逐步说明如何使用每个类的实例。

13.2.2 逐个定义区块的 Block 类

在 Block 类中定义了 8 种变量，如清单 13.4 所示。

清单 13.4　Block 类的变量

```
def __init__(self, index, prev_hash, data, timestamp, bits):
    self.index = index
    self.prev_hash = prev_hash
    self.data = data
    self.timestamp = timestamp
    self.bits = bits
    self.nonce = 0
    self.elapsed_time = ""
    self.block_hash = ""
```

清单 13.5 使用了特殊方法 __setitem__，通过 setattr 方法增加属性。在 Python 中，可以使用 “.”（点）直接访问对象，使用 setattr 可以指定给哪个对象设置什么键和什么值。

清单 13.5　特殊方法 setitem

```
def __setitem__(self, key, value):
    setattr(self, key, value)
```

这些变量在 to_json 方法中被组合成一个数据块，如清单 13.6 所示。timestamp.strftime("%Y/%m/%d %H:%M:%S") 语句生成区块的日期和时间，例如 2019/09/25 14:57:01。另外，rjust(8, " 0") 是一种对指定字符串右对齐的方法。在这个例子中，表示将这 8 个字符右对齐，左边不足的部分用 0 填充。

清单 13.6　to_json 方法

```
def to_json(self):
    return {
        "index"        : self.index,
        "prev_hash"    : self.prev_hash,
        "stored_data" : self.data,
        "timestamp"    : self.timestamp.strftime("%Y/%m/➡
%d %H:%M:%S"),t
    "bits"         : hex(self.bits)[2:].rjust(8, "0"),
    "nonce"        : hex(self.nonce)[2:].rjust(8, "0"),
    "elapsed_time": self.elapsed_time,
    "block_hash"  : self.block_hash
    }
```

接下来，在 calc_blockhash 方法中，定义了构建区块头、通过 SHA256 对其进行哈希处理并返回结果的过程，如清单 13.7 所示。hashlib 是一个已经在本书中多次提及的函数，由于必须传递编码后的字符串作为该函数参数，因此 blockheader 变量是将所有转换为字符串的内容存储起来，并使用 .encode() 进行编码。如果您未设置任何参数，则 .encode() 默认为 UTF-8。由于本程序不需要特殊指定编码，因此程序中未指定任何内容。另外，hex (self.bits) [2：] 表示跳过 bits 的前两个字符，是因为这两个字符代表十六进制数字的 0x。跳过 0x 并提取 bits 的值是便于排列。同样，在 self.block_hash = h 中，将该方法中计算的哈希值代入开始处定义的区块哈希变量（block_hash）中。最后，通过 return 将这个哈希值作为返回值返回。

清单 13.7　calc_blockhash 方法

```
def calc_blockhash(self):
    blockheader = str(self.index) + str(self.prev_hash) + ➡
str(self.data) + str(self.timestamp) + hex(self.bits)[2:] + ➡
str(self.nonce)
    h = hashlib.sha256(blockheader.encode()).hexdigest()
    self.block_hash = h
    return h
```

在 calc_target 方法中，根据所提供的 bits 计算 target，如清单 13.8 所示。前面已经出现过很多按位运算符，接下来我们将一一学习。同时，关于目标的计算，让我们再次回顾一下第 11 章的内容。

清单 13.8　calc_target 方法

```
def calc_target(self):
    exponent_bytes = (self.bits >> 24) - 3
    exponent_bits = exponent_bytes * 8
    coefficient = self.bits & 0xffffff
    return coefficient << exponent_bits
```

首先，exponent_bytes=(self.bits >>24)–3 表示 bits 向右移动 24 位并减去 3。Bits 被赋予 1e777777 的形式。如果将该值向右移动 24 位，则只剩下相当于 exponent 的 1e。从这里减去 3 计算出 exponent_bytes。减去 3 是因为 coefficient 有 3 个字节，是为了在后续进行移位计算时取得一致性。exponent_bits=exponent_bytes*8 是因为 1 个字节为 8 位，所以乘以 8。代码 coefficient = self.bits & 0xffff，是为了从 bits（例如 1e777777）中提取 coefficient（例如 777777）而进行的处理。“&”是按位与运算，两个操作数均为 1 时为 1，否则为 0。0xffffff 转换成二进制数，是 24 位的 1 排列的数字。因此，进行按位与运算的话，则仅剩下另一侧为 1 的部分，并且如果位数相同，则将获得相同的结果。另外，位数是 6 位，由于 bits 为 8 位，可以去掉其开头两位的 1e，这样就能够仅仅提取 coefficient 的部分。最后，以 coefficient<<exponent_bits 运算，将 coefficient（例如 777777）向左移位，从而计算出目标值，并作为返回值返回。这些处理在第 11 章也有说明，请回顾一下前面的内容。

Block 类的最后是 check _valid_ hash 方法，如清单 13.9 所示。这是判断计算出的哈希值是否小于刚才计算的目标值的方法。在 int(self.calc_blockhash(),16) 中，将哈希值转换为十六进制的整数。这样哈希值和目标值就可以进行比较了。

清单 13.9　check_valid_hash 方法

```
def check_valid_hash(self):
    return int(self.calc_blockhash(), 16) <= self.calc_➡
target()
```

Block 类在采矿的过程中被多次实例化，并且由于存在创建区块的过程，因此它也会重复出现在采矿的过程中。

13.2.3 定义区块关联性的 Blockchain 类

Blockchain 是定义区块关联性的类。因此，如清单 13.10 所示，我们定义了一个空数组 chain 变量，该变量存储区块信息以及定义了难易度级别的变量 bits。每次采矿成功时创建的区块的信息将按顺序存储在 self.chain 创建的数组中。该数组的内容将成为区块链的主体。

清单 13.10 Blockchain 类的变量

```
def __init__(self, initial_bits):
    self.chain = []
    self.initial_bits = initial_bits
```

清单 13.11 中列出了将区块的数据添加到 Blockchain 类的数组变量 chain 中的方法。append 是将元素添加到数组末尾的方法。

清单 13.11 add_block 方法

```
def add_block(self, block):
    self.chain.append(block)
```

getblockinfo 方法是获取当时的数组 chain 的最后一个元素并以 JSON 格式输出的方法，如清单 13.12 所示。json.dumps 是将字典类型数据转换为 JSON 格式的方法。在 Python 中，JSON 格式被视为字符串类型。第一个参数指定要转换的字典类型数据，第二个参数设置缩进大小，第三个参数设置 True，以便可以按键的值对字典类型的输出进行排序。指定第四个参数 ensure_ascii = False 是为了指定输出中文。虽然可以以字典数据类型输出结果，但是由于输出结果是一个接一个的形式，为了提高可读性以 JSON 格式输出。

清单 13.12 getblockinfo 方法

```
def getblockinfo(self, index=-1):
    return print(json.dumps(self.chain[index].to_json(), ➡
indent=2, sort_keys=True, ensure_ascii=False))
```

mining 方法定义了连接区块的处理过程，如清单 13.13 所示。

采矿处理的部分是以第 11 章中处理的部分为基础实现的。start_time =int(time.time()*1000) 是获取处理开始的时间。接着，利用 while 语句在符合条件的情况下，执行 for 循环语句的处理。for 循环语句中的 MAX_32BIT+1，加 1 是因为 range 函数从 0 开始计数，通过加 1 可以使用最大值 MAX_32BIT。block.nonce = n 语句表示逐次变更 Nonce 并执行在 Block 类中定义的 check_valid_hash 方法。在这里，如果 check_valid_hash 方法的结果为 TRUE，即找到的哈希值小于目标值，则计算结束时间和消耗的时间，并使用 add_block 方法将新区块增加到由 Blockchain 类定义的数组变量 chain 中。最后，使用 getblockinfo 方法输出区块的信息。该方法的最后 5 行定义了如果区块的时间戳和结束时的时间戳相同时需做的处理。

清单 13.13　mining 方法

```
def mining(self, block):
    start_time = int(time.time() * 1000)
    while True:
        for n in range(MAX_32BIT + 1):
            block.nonce = n
            if block.check_valid_hash():
                end_time = int(time.time() * 1000)
                block.elapsed_time = ➡
str((end_time - start_time) / 1000.0) + "秒"
                self.add_block(block)
                self.getblockinfo()
                return
        new_time = datetime.datetime.now()
        if new_time == block.timestamp:
            block.timestamp += datetime.timedelta(seconds=1)
        else:
            block.timestamp = new_time
```

create_genesis 方法是用于创建创世区块的方法，如清单 13.14 所示。创世区块是区块链上的第一个区块。与其他区块的主要区别是，没有为 prev_hash 设定值则表明没有要引用的值。因此，可以通过在 create_genesis 函数内，Block 类的变量中指定创世区块信息来生成实例 genesis_block。之后，执行采矿处理以生成创世区块。这里，将 prev_hash 设定为“000000000000000000000000000000000000000000000000000000000000000”。

清单 13.14　create_genesis 方法

```
def create_genesis(self):
    genesis_block = Block(0, "000000000000000000000000000000➡
0000000000000000000000000000000000", "创世区块", ➡
datetime.datetime.now(), self.initial_bits)
    self.mining(genesis_block)
```

接下来的 add_newblock 函数也是实例化 Block 类，但是在参数中，取出作为区块链主体信息的数组 chain 的最后面的一个区块作为 last_block，如清单 13.15 所示。之后，设定 last_block 的 block_hash 和 bits 作为参数。通过以这样的方式使得最新的区块信息作为参数，可以使生成的区块一个一个像链锁一样连接起来。

清单 13.15　add_newblock 函数

```
def add_newblock(self, i):
    last_block = self.chain[-1]
    block = Block(i+1, last_block.block_hash, "区块 " + ➡
str(i+1), datetime.datetime.now(), last_block.bits)
    self.mining(block)
```

最后，在 if __name__ == "__main__": 的部分中，实例化 Blockchain 类，如清单 13.16 所示。执行 create_genesis 方法生成创世区块后，使用 for 语句生成 30 个新区块。for 语句中的变量 i 也会作为参数传递给 add_newblock 方法，这一点在采矿函数中同样也有反映。

清单 13.16　Blockchain 类的实例化

```
if __name__ == "__main__":
    bc = Blockchain(INITIAL_BITS)
    print("创建创世区块中……")
```

```
    bc.create_genesis()
    for i in range(30):
        print("创建第" + str(i+2) + "个区块……")
        bc.add_newblock(i)
```

问 题

在 bits 的值是 1e777777 和 1d777777 的情况下，运行程序分别实现普通区块链。

第14章 尝试自定义更多功能

在第 13 章，我们已经创建了一个普通的区块链。本章我们将通过增加更多的应用功能来加深学习。

14.1 难易度调整

在 Proof of Work 中，难易度是定期调整的。目的是防止采矿生成时间变得过短或过长。

14.1.1 难易度调整的规则

对于比特币区块链，在工作量证明（Proof of Work）中难易度是每 2016 个区块产生后会调整一次。区块大约是每 10 分钟生成一次，因此生成 2016 个区块将耗时约 2 星期。可以通过以下的公式计算难易度调整（Retargeting）。新的难易度是通过将理想时间（20160 分钟）与实际生成 2016 块所花时间的比率乘以旧的难易度来计算的。难易度调整是按照规定的间隔时间自动执行的。此外，调整的幅度限制最大为 4 倍，最小为原来的 1/4。

$$\text{New Difficulty} = \text{Old Difficulty} \times \frac{\text{Actual Time of Last 2016 Blocks}}{20160\,\text{min}}$$

采矿必须按照调整后的难易度进行，节点在验证区块链时将不正确的难易度生成的区块作为不正确的区块废弃，仅仅保留以正确的难易度生成的区块。

14.1.2 难易度调整的原因

当前用于采矿的机器在性能上有显著的改善，采矿成功的时间间隔也相应缩短了。如果难易度未做调整，采矿的奖励将在较短的时间内产生，这样会存在较高的通货膨胀的风险。另外，如果成功进行采矿的时间间隔较长，则将出现难以确认交易的状况。因此，执行难易度调整来确保以稳定且几乎相同的方式生成区块。

14.1.3 理解难易度调整的机制

让我们根据难易度调整规则实现一次难易度调整。清单 14.1 所示为难易度调整处理的示例。该程序中包含了第 13 章中实现的普通区块链的内容，因此学习其中部分内容的精粹即可。清单 14.1 定义了 Blockchain 类中的一个方法。在本次代码实现中，难易度级别是以每 5 个区块调整一次，每 140

秒成功挖掘一次为目标设定的。另外，将 INITIAL_BITS 的值从 1e777777 更改为 1d777777，调整难易度，使其正常工作。

清单 14.1 get_retarget_bits 方法

```
def get_retarget_bits(self):
    if len(self.chain) == 0 or len(self.chain) % 5 != 0:
        return -1
    expected_time = 140 * 5

    if len(self.chain) != 5:
        first_block = self.chain[-(1 + 5)]
    else:
        first_block = self.chain[0]
    last_block = self.chain[-1]

    first_time = first_block.timestamp.timestamp()
    last_time = last_block.timestamp.timestamp()

    total_time = last_time - first_time

    target = last_block.calc_target()
    delta = total_time / expected_time
    if delta < 0.25:
        delta = 0.25
    if delta > 4:
        delta = 4
    new_target = int(target * delta)

    exponent_bytes = (last_block.bits >> 24) - 3
    exponent_bits = exponent_bytes * 8
    temp_bits = new_target >> exponent_bits
    if temp_bits != temp_bits & 0xffffff: # 过大
        exponent_bytes += 1
```

```
        exponent_bits += 8
elif temp_bits == temp_bits & 0xffff: # 过小
        exponent_bytes -= 1
        exponent_bits -= 8
    return ((exponent_bytes + 3) << 24) | (new_target >> ➡
exponent_bits)
```

如清单 14.2 所示的部分，当区块链主体的长度为 0 或者不是 5 的倍数时，将 –1 作为返回值。这是为了判断是否应该调整难易度而进行的操作。

清单 14.2 判断是否需要难易度调整

```
if len(self.chain) == 0 or len(self.chain) % 5 != 0:
    return -1
```

如果区块链中的区块数量为 5 的倍数，则继续执行下一步的处理。变量 Expected_time 存储每个区块的目标时间乘以 5 的值。接下来，在清单 14.3 中，计算为了调整难易度而花费的采矿时间。第 1 行如果区块链的长度不是 5，则从后面取出第 6 个区块作为 first_block。如果区块链长度为 5，则将第一个区块作为 first_block。之后，从 first_block 和 last_block 的各个时间戳计算经过时间，作为 total_time。 这是实际采矿消耗的时间。

清单 14.3 采矿所需时间的计算

```
if len(self.chain) != 5:
    first_block = self.chain[-(1 + 5)]
else:
    first_block = self.chain[0]
last_block = self.chain[-1]

first_time = first_block.timestamp.timestamp()
last_time = last_block.timestamp.timestamp()

total_time = last_time - first_time
```

接下来通过执行清单 14.4 所示的代码重新计算目标。首先，从 last_block

中获取目标。这里，会使用 calc_target 方法。delta = total_time / expected_time 语句表示计算挖掘所需时间的比率。如果该值小于 0.25 或大于 4，则将限幅分别设置为 0.25 和 4。此后，通过将从 last_block 获得的 target 乘以 delta 来计算 new_target。

清单 14.4　难易调整的上限和下限的计算

```
target = last_block.calc_target()
delta = total_time / expected_time
if delta < 0.25:
    delta = 0.25
if delta > 4:
    delta = 4
new_target = int(target * delta)
```

接着，如清单 14.5 所示由新的目标 new_target 计算新 bits。

清单 14.5　新 bits 的计算

```
exponent_bytes = (last_block.bits >> 24) - 3
exponent_bits = exponent_bytes * 8
temp_bits = new_target >> exponent_bits
if temp_bits != temp_bits & 0xffffff: # 过大
        exponent_bytes += 1
        exponent_bits += 8
elif temp_bits == temp_bits & 0xffff: # 过小
        exponent_bytes -= 1
        exponent_bits -= 8
return ((exponent_bytes + 3) << 24) | (new_target >> ➡
exponent_bits)
```

清单 14.6 所示的部分和第 13 章中提到的目标的计算相同。

清单 14.6　exponent 的计算

```
exponent_bytes = (last_block.bits >> 24) - 3
exponent_bits = exponent_bytes * 8
```

将 new_target 向右移动计算出 exponent_bits 表示的位数。这是计算临时的 bits 即 temp_bits。之所以是临时的，是为了确认 temp_bits 在后续处理中是否过大或者过小。if 和 elif 语句是为了确认数字的位数是否过大或者过小。如清单 14.7 所示的语句是检查是否由于位运算而导致 temp_bits 大于 ffffff。

清单 14.7　temp_bits 大小的检查

```
if temp_bits != temp_bits & 0xffffff: # 过大
```

temp_bits 过大则意味着在刚才计算的 5 个区块的难易度过高，因此有必要降低难易度。如果 temp_bits 大了，则 exponent_bytes 将增加 1，exponent_bits 将增加 8。exponent 实际上是定义了一个将 coefficient 左移多少位的数字。如果将 exponent 增大，则计算出的目标值将增大，由此采矿的难易度将降低。特别地，exponent_bits 增加 8 的原因是一个字节有 8 位。如果 temp_bits 过小，则与之相反。

调整到这一点后，接下来计算 bits。如清单 14.8 所示显示了 get_retarget_bits 方法的返回值的部分。使用按位或计算 bits。按位或操作符的左侧部分是将计算出的 exponent_bytes 加 3，然后向左移位 24。此时，右侧空出来的位置补 24 位 0（= 8 字节）。按位或操作符的右侧是将 new_target 向右移动 exponent_bits 位。此处计算的值为 coefficience，将保留 3 个字节。通过对这两个数进行按位或运算，可以计算出 4 个字节的新的 bits，其中前 1 个字节为 exponent，后 3 个字节为 coefficience。

清单 14.8　新 bits 的计算

```
return ((exponent_bytes + 3) << 24) | (new_target >> ➡
exponent_bits)
```

清单 14.1 中仅定义了新的目标的重新计算过程，而现在我们需要每隔 5 个区块应用此过程。因此，让我们在 Blockchain 类的 add_newblock 方法中定义它。如清单 14.9 中的第 3 行和第 4 行是新增加的内容。

清单 14.9　add_newblock 方法中难易度调整的处理

```
def add_newblock(self, i):
    last_block = self.chain[-1]
    new_bits = self.get_retarget_bits()

    if new_bits < 0:
        bits = last_block.bits
    else:
        bits = new_bits
    block = Block(i+1, last_block.block_hash, "区块"
+ str(i+1), datetime.datetime.now(), bits)
    self.mining(block)
```

正如清单 14.10 所示，首先，将 get_retarget_bits 方法的结果赋给 new_bits。这样，new_bits 即为新的 bits 或是 –1。之后，如果 new_bits 小于 0，即为 –1 时，则用之前一个区块的难易度，否则用 new_bits 进行处理。

清单 14.10　难易度调整的追加处理

```
if new_bits < 0:
    bits = last_block.bits
else:
    bits = new_bits
```

14.2　默克尔根

区块头有一个名为默克尔根（Merkle root）的 32 字节的数据项。 这是存储在区块中的交易的摘要。

14.2.1 默克尔根的回顾

默克尔根是一个 32 字节的数据，是存储在区块中的交易数据的摘要。将交易数据排列成一组相邻的数据，通过 Double-SHA256 对其进行哈希处理，然后重复上述操作直到只剩下一个哈希值为止。此时，由哈希值形成的数据结构如图 14.1 所示，这个数据结构称为默克尔树（Merkle Tree)。

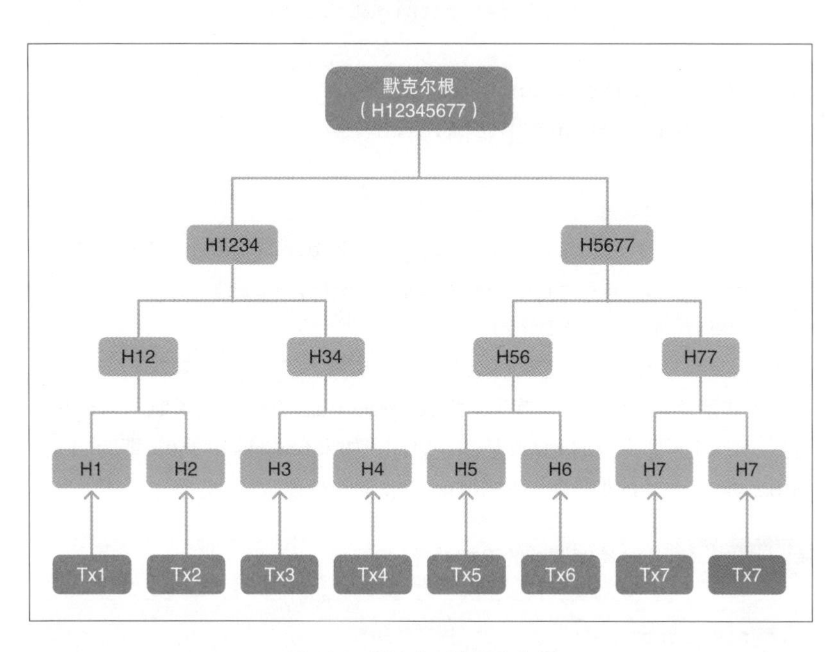

图 14.1 默克尔树和默克尔根

计算默克尔根时，当交易数据的总数为奇数时，复制最后一个数据（如图 14.1 中所示的 Tx7），以使总数为偶数。另外，验证特定交易数据时用到的哈希值的组合称为默克尔路径（Merkle Path）。

14.2.2 默克尔根和默克尔树的含义

实现默克尔根和默克尔树是为了能够方便地验证交易数据是否存储在区块中。在如比特币之类的区块链中，如果设置一个全节点，那么单机也可以验证交易和区块的正确性。但是，对于 SPV 节点，需要通过查询全节点方能验证交易的正确性，这时就会用到默克尔根。实际进行验证时使用默克尔根和默克尔路径。

参考图 14.1 所示的例子，让我们来验证交易 Tx3，如图 14.2 所示。此时，首先计算该交易数据的 Double-SHA 256。其次，通过查询得到默克尔根和默克尔路径。此时所需的默克尔路径为 H4、H12、H5677。然后通过计算得到的 Tx3 的哈希值 H3 和默克尔路径，计算哈希值。最后验证计算出的哈希值和默克尔根是否一致，如果相同，则可以证明该交易确实是存储在区块中的正确数据。

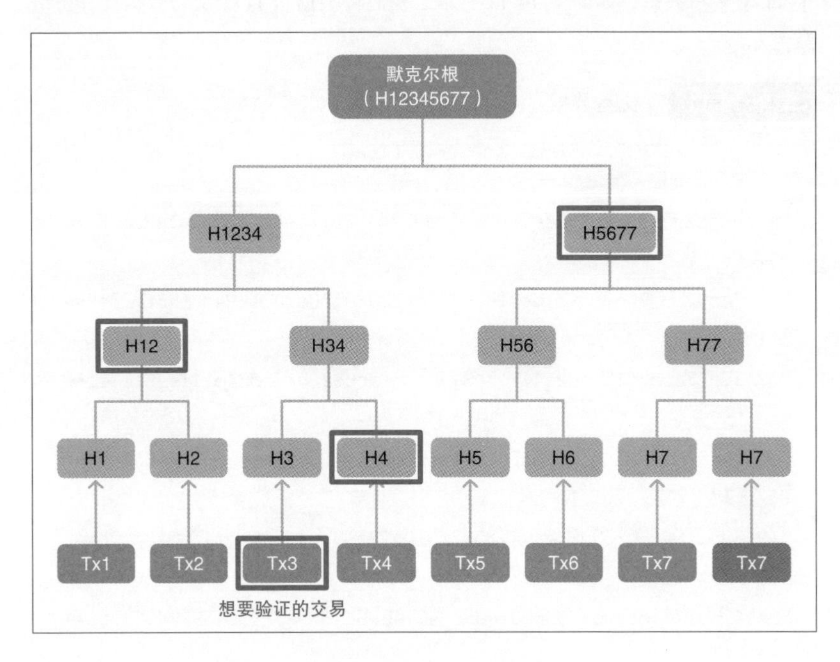

图 14.2　交易数据的验证

14.2.3 默克尔根的实现策略

实现默克尔根的基本策略如下。

（1）排列交易数据。
（2）如果交易数据总数为奇数，则复制最后一个数据。
（3）从头开始按顺序每 2 个交易汇总后进行哈希处理。
（4）重复执行汇总及哈希处理直到最后一个。

计算默克尔根的关键是定义交易数据的顺序。尽管哈希函数的输入值变化很小，其输出数据也会发生很大变化。因此，即使存储的交易数据的内容相同，如果顺序不同，结果也将发生很大变化。

14.2.4 尝试计算默克尔根

现在，让我们看一下实际输出默克尔根的程序。为了方便起见，预先准备了 11 个交易数据，如清单 14.11 所示。我们将根据这 11 个交易数据计算得出默克尔根。

清单 14.11 交易数据

```
[
"e7c6a5c20318e99e7a2fe7e9c534fae52d402ef6544afd85a0a1a22a8d0➡
9783a",
"3fe7ac92b9d20c9b5fb1ba21008b41eb1208af50a7021694f7f73fd37e9➡
14b67",
"b3a37d774cd5f15be1ee472e8c877bcc54ab8ea00f25d34ef11e76a17ec➡
bb67c",
"dcc75a59bcee8a4617b8f0fc66d1444fea3574addf9ed1e0631ae85ff6c➡
65939",
"59639ffc15ef30860d11da02733c2f910c43e600640996ee17f0b12fd0c➡
b51e9",
"0e942bb178dbf7ae40d36d238d559427429641689a379fc43929f15275a➡
75fa6",
"5ea33197f7b956644d75261e3c03eefeeea43823b3de771e92371f3d630➡
d4c56",
"55696d0a3686df2eb51aae49ca0a0ae42043ea5591aa0b6d755020bdb64➡
887f6",
"2255724fd367389c2aabfff9d5eb51d08eda0d7fed01f3f9d0527693572➡
c08f6",
"c8329c18492c5f6ee61eb56dab52576b1de48bbb1d7f6aa7f0387f9b3b6➡
3722e",
"34b7f053f77406456676fdd3d1e4ac858b69b54daf3949806c2c92ca70d➡
3b88d"
]
```

清单 14.12 所示为计算默克尔根的程序示例。

清单 14.12　计算默克尔根

```
import hashlib

def sha256(data):
    return hashlib.sha256(data.encode()).hexdigest()

class MerkleTree():
    def __init__(self, tx_list):
        self.tx_list = tx_list

    def calc_merkleroot(self):
        txs = self.tx_list
        if len(txs) == 1:
            return txs[0]
        while len(txs) > 1:
            if len(txs) % 2 == 1:
                txs.append(txs[-1])
            hashes = []
            for i in range(0, len(txs), 2):
                hashes.append(sha256("".join(txs[i:i ➡
+ 2])))
            txs = hashes
        return txs[0]

if __name__ == "__main__":
    txs = [
        "e7c6a5c20318e99e7a2fe7e9c534fae52d402ef6544af➡
d85a0a1a22a8d09783a",
        "3fe7ac92b9d20c9b5fb1ba21008b41eb1208af50a7021➡
694f7f73fd37e914b67",
        "b3a37d774cd5f15be1ee472e8c877bcc54ab8ea00f25d➡
34ef11e76a17ecbb67c",
        "dcc75a59bcee8a4617b8f0fc66d1444fea3574addf9ed➡
1e0631ae85ff6c65939",
        "59639ffc15ef30860d11da02733c2f910c43e60064099➡
6ee17f0b12fd0cb51e9",
```

```
        "0e942bb178dbf7ae40d36d238d559427429641689a379➡
fc43929f15275a75fa6",
        "5ea33197f7b956644d75261e3c03eefeeea43823b3de7➡
71e92371f3d630d4c56",
        "55696d0a3686df2eb51aae49ca0a0ae42043ea5591aa0➡
b6d755020bdb64887f6",
        "2255724fd367389c2aabfff9d5eb51d08eda0d7fed01f➡
3f9d0527693572c08f6",
        "c8329c18492c5f6ee61eb56dab52576b1de48bbb1d7f6➡
aa7f0387f9b3b63722e",
        "34b7f053f77406456676fdd3d1e4ac858b69b54daf394➡
9806c2c92ca70d3b88d"
    ]

    mt = MerkleTree(txs)

    print(mt.calc_merkleroot())
```

运行清单 14.12 所示的代码将得到如清单 14.13 所示的结果。

清单 14.13　清单 14.12 所示代码的输出结果

输出

```
45ce9219fbff637dbe398f21c765081c511d54b9758755875e764f➡
488c21cfc2
```

清单 14.13 所示的值是默克尔根，它是基于默克尔树结构中的 11 个交易数据而计算出的结果。在 MarkleTree 类中，首先定义数组 tx_list。其次，将事先准备的 11 个交易数据作为参数。如清单 14.14 所示为用 calc_merkleroot 方法计算默克尔根。

清单 14.14　calc_merkleroot 方法

```
def calc_merkleroot(self):
    txs = self.tx_list
    if len(txs) == 1:
        return txs[0]
    while len(txs) > 1:
```

```
        if len(txs) % 2 == 1:
            txs.append(txs[-1])
        hashes = []
        for i in range(0, len(txs), 2):
            hashes.append(sha256("".join(txs[i:i + 2])))
        txs = hashes
    return txs[0]
```

首先，将交易数据列表存储在变量 txs 中。如果只有一个交易数据，则仅返回一个数据。接下来，如清单 14.15 所示，通过 while 语句遍历数组，使得最终数组只有一个数据。

清单 14.15　calc_merkleroot 方法的 while 语句处理部分

```
while len(txs) > 1:
    if len(txs) % 2 == 1:
        txs.appenad(txs[-1])
    hashes = []
    for i in range(0, len(txs), 2):
        hashes.append(sha256("".join(txs[i:i + 2])))
    txs = hashes
```

首先，如果数组 txs 的最新的元素是奇数，则复制最后一个元素并将其追加进去。然后准备一个称为 hashes 的空数组来存储哈希值。如清单 14.16 所示将相邻两个元素合并并进行哈希处理。具体来说，这段代码表示从 0 开始，到 len（txs）结束，以步长为 2 遍历数组 txs，将相邻两个元素进行加密处理后，将值追加在数组 hashes 中。

清单 14.16　calc_merkleroot 方法中的哈希计算

```
for i in range(0, len(txs), 2):
    hashes.append(sha256("".join(txs[i:i + 2])))
```

执行上述的 for 循环语句，直到数组 txs 中仅有最后一个元素，最后将 txs [0] 作为返回值返回。

本章习题

问题一

请实现一个在普通区块链上进行难易度调整的程序，并观察每隔 5 个区块 bits 的值是否发生变化。

提示

向 Blockchain 类和 add_newblock 函数中增加与难易度调整相关的处理。

问题二

实现一个在普通区块链上计算默克尔根的程序。

提示

追加 MarkleTree 类并对其实例化。另外，将计算出的默克尔根存储在 Block 类的变量 data 中。使用 mempool.json 的数据作为交易数据。通过在 MarkleTree 类构造函数中加入如清单 14.17 所示的代码，来使用 mempool.json 的数据。并且需要导入（import）标准库 random。在如清单 14.17 所示中，为了改变每个区块的默克尔根，可以从交易列表中随机抽取出来进行处理。

清单 14.17　mempool.json 的数据的应用

```
f = open("{保存mempool.json的绝对路径}", "r")
# 以JSON数据格式保存在变量mempool中
mempool = json.load(f)
tx_list = mempool["tx"] # 取得所有交易的列表
c = random.randint(2, 30) # 生成从2到30的随机数
txs_in_this_block = random.sample(tx_list, c)
self.tree_path.append(txs_in_this_block)
f.close()
```

问题三

实现一个在普通区块链上完成难易度调整和默克尔根处理的程序。

第5篇 进一步了解有关区块链的内容

到目前为止，我们已经了解了区块链技术的基本内容。接下来，在前面内容的基础上介绍一些深入学习需要了解的内容。

第15章 区块链开发的最前沿

区块链的相关技术在以惊人的速度发展着。这里介绍的仅仅是其中的一小部分内容。

15.1 可扩展性问题的挑战

区块链的最大障碍之一是可扩展性问题。为了解决这一问题，研究人员设计了各种各样的解决方案。

15.1.1 可扩展性问题

Scalability 被翻译为“可扩展性”，是指系统本身可以顺畅地响应用户增长以及数据量增大的特性。人们对区块链的不可篡改性和去中心化抱有很高的期望，但是区块链存在难以确保可扩展性的问题，如图 15.1 所示。

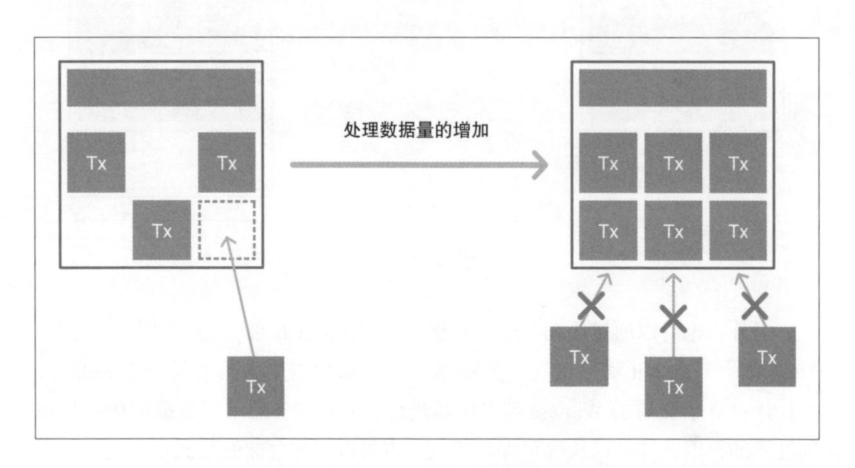

图 15.1 可扩展性问题

可扩展性是区块链在社会实施时面临的主要问题。这是因为随着虚拟货币用户和分布式应用程序（DApps）数量的增加，区块链所要处理的数据越来越多，会导致其性能越来越低。我们希望很多人能够使用它，但是又陷入一个魔咒般的困境，那就是一旦被大量应用时又无法发挥区块链本应具有的优势。

可以列举的造成可扩展性问题的原因有几个，其中最容易理解的是采矿的过程和区块的容量对其的影响。比特币区块链的容量是 1MB，但是，如果需要处理的数据增加时，1MB 的容量无法处理所有的数据。而在采矿的过程中，在采矿结束之前不可能产生新的区块，特别是在 Proof of Work 的情况下，因为计算需要花费时间，所以在生成区块并得到交易确认之前需要一定的时间。因此，当务之急是要解决无法提高处理速度、无法应对处理数据的增加的问题。

15.1.2 区块容量的扩展和数据处理的高效化

可以考虑将扩大区块的容量作为可扩展性问题的对策，如图 15.2 所示。通过增大区块容量，可以增加每次存储的数据，防止处理的堵塞。实际上，比特币分离出来的比特币现金的区块容量为 8MB，截至 2019 年 9 月已扩展到了 32MB。

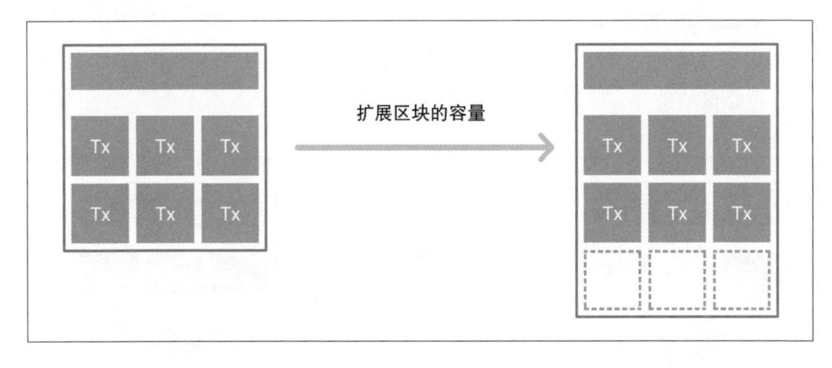

图 15.2　扩展区块容量

另外，也可以通过压缩存储的数据来增加实质上所能存储的数据量，如图 15.3 所示。SegWit 就是这样一种技术，在交易数据中删除交易的签名部分，并使用独立于交易的 Witness 签名区域进行签名。这实质上与数据的压缩是相同性质的，因此即使区块容量保持不变，也可以增加存储的数据量。此外，由于可以在不改变交易数据本身的情况下更改签名方式，所以也可以防止交易数据被篡改。

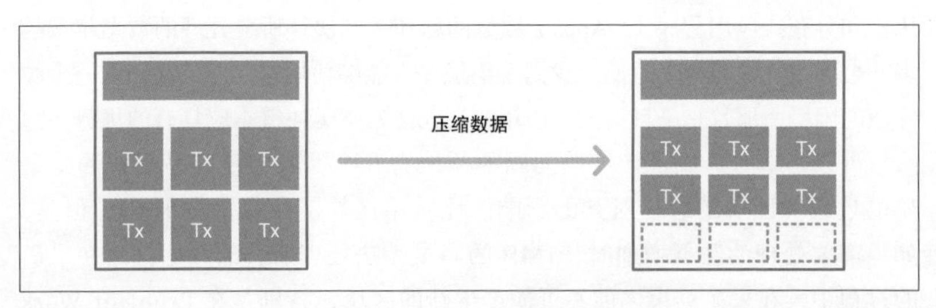

图 15.3　压缩交易数据

15.1.3 闪电网络

为了解决在采矿成功之前不能确认交易的问题，研究人员提出来一种方案，即在偏离主区块链（链上）的部分（链下）完成交易，然后仅将处理结果返回主区块链。这在比特币中是以一种称为闪电网络的机制实现的。除此之外，以太坊也在进行莱顿网络（Leiden network）的研究，并且对高效处理寄予较大关注。

通过应用闪电网络，比特币主链可以处理非常少量金额的交易。它促使微支付通道（Micro payment）的技术得以发展。微支付通道是一种方法，该方法的原理是可以先存储一定的金额，在该金额范围内可以在链下交易，并仅在链上存储第一个（期初交易）和最后一个（提交交易）交易。但是，由于是两者之间的交易，所以存在一个缺点，即参与交易的用户越多，存在的通道就越多，比特币的存放量也就越多。由此，同样进行存款，能够使多个人在链下完成交易的是闪电网络机制，如图 15.4 所示。闪电网络使得处理大量小额交易成为可能，成了一种可扩展性问题的有效解决方案。

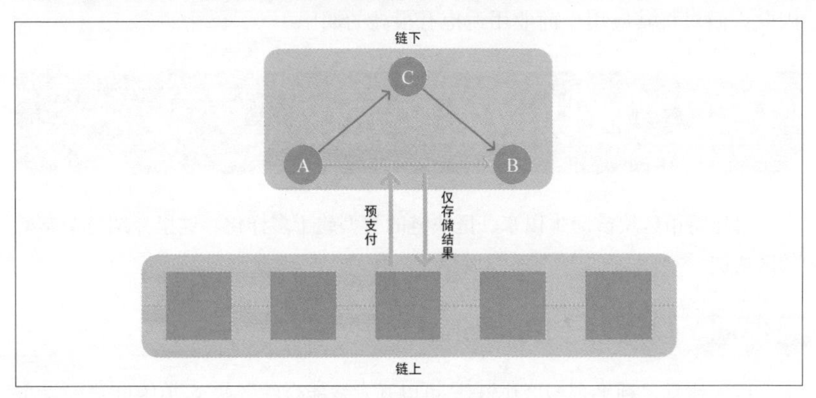

图 15.4　闪电网络的示意图

15.1.4 侧链技术

侧链技术是一种通过在主区块链之外另外准备一个区块链并使它们彼此交互来提高处理效率的机制。实施双向锚定（Two-way Peg）即可以在侧链和主链中存储双方的结果，并且侧链的结果可以存储在主链中。如图 15.5 所示，由于可以在主链之外另外准备一条链，因此可以针对每个应用程序分别使用不同的链来执行处理，这样也可以减少主链的负载。这是一项已在许多区块链中实现的技术，并且作为可扩展性问题的解决方案而备受关注。

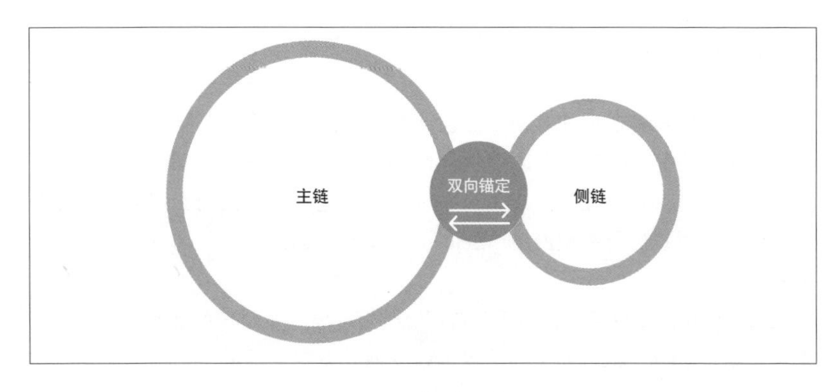

图 15.5　侧链的示意图

从 2014 年加拿大公司 Blockstream 发表有关侧链的论文开始，作为已经成为提高区块链可扩展性的王牌，侧链技术备受瞩目。通过使用侧链，每个链可以采用不同的共识算法，并且可以实现智能合约，因此该技术可以适用于广泛的领域。另外，由于可以将私有链、联盟链和公有链连接，因此人们对将其应用于商业用途抱有很高的期望。

15.2 区块链的多元化

自比特币区块链诞生以来，区块链的类型趋于多样化。这里介绍三个典型的区块链。

15.2.1 以太坊（Ethereum）

以太坊是一种平台型区块链。 可以开发智能合约，截至 2019 年已经发布了各种 DApps。以太坊在一开始就宣布其计划的几个重要更新，很多开发人员也参与其中进行协助。如表 15.1 所示总结了以太坊主要的几次重大更新。从前沿（Frontier）开始，到家园（Homestead），再到大都会（Metropolis）。大都会又分为两个阶段：拜占庭和君士坦丁堡。截至 2019 年 9 月，除最后阶段的宁静（Serenity）之外，其他的几个更新都已经完成。

表 15.1　**以太坊的重大更新阶段**

代　号	内　容	实施时间
Frontier （前沿）	基本功能的验证 漏洞的修改	2015/7

（续表）

代　号		内　容	实施时间
Homestead（家园）		提高安全性 PoW 的难易度调整	2016/3
Metropolis（大都会）	Byzantium（拜占庭）	提高匿名性等	2017/10
	Constantinople（君士坦丁堡）	更改难易度等	2019/4
Serenity（宁静）		全面转向 PoS 等	未定

此外，以太坊正在开发和实施各种新技术，以解决可扩展性问题和提高便利性。典型的例子包括以太坊的侧链技术 Plasma，共享挖掘并提高效率的技术 Shading 和进一步改善智能合约的执行环境的技术 eWASM（Ethereum flavored Web Assembly）等。以太坊通过开发和实施这些新技术，以实现它的愿景，即 The World Computer。

15.2.2 IOTA

IOTA 是一种源于德国的被设想用于 IoT（物联网）领域的区块链。IOTA 的最大特点是不收费，处理速度极快。正是因为有了一个名为 Tangle（缠结）的机制，IOTA 实现了在比特币上无法想象的功能。该机制如图 15.6 所示，其中交易之间不是以直线连接，而是以平面状结构连接的。为了使用户能够构建交易，有这样一个规则，即批准 Tangle 上的最后两个交易。通过增加获得的批准数量，可以保证所生成交易的正确性。据估计，2023 年日本的物联网市场规模将超过 11.7 兆日元，预计物联网技术将被广泛普及，IOTA 的活跃态势也有望扩大。

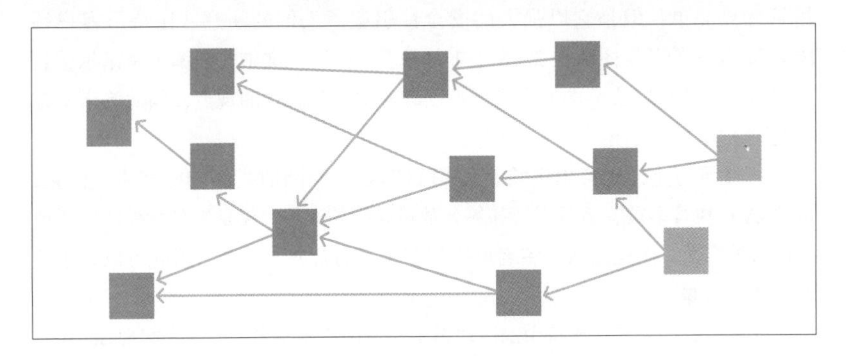

图 15.6　Tangle 的示意图

15.2.3 量子抗性区块链

区块链的方方面面都运用了加密技术。如果密码被破解，区块链技术本身的可靠性将会发生很大的动摇。今后量子计算机将成为加密技术的一大威胁。量子计算机是应用量子力学、在理论上拥有比以往超级计算机高出 1 亿倍计算能力的下一代计算机。近年来对此的研究有了很大的进展，预计在 2030 年左右将正式投入使用，如果量子计算机的应用普及，现在拥有的安全性技术和加密技术都将被打破，因此各领域都面临着必须应对的困难。当然，区块链也是如此。

因此，研究人员也在开发对量子计算机具有耐受性的区块链。另外，以太坊的开发团队也明确表示将致力于提高量子抗性的研究。为了提高量子抗性，研究人员提出了随机数和哈希函数组合的运行端口签名和采用三进制数等各种各样的方案。

15.3 加密技术的发展

毫不夸张地说，正是加密技术将区块链推向了新的高度。随着区块链技术的出现，加密技术的研究也在加速发展。这里介绍三种可能对区块链产生重大影响的加密技术。

15.3.1 施诺尔签名

施诺尔（Schnorr）签名是 C.P. Schnorr 于 1989 年发明的一种电子签名，尽管计算简单，但是它以强大的安全性引起了人们的注意。比特币客户端 Bitcoin Core 的开发团队在 2018 年 1 月发表的一篇论文中，强调了施诺尔签名可以解决比特币区块链中的可扩展性问题和提高隐私性的观点，因此施诺尔签名受到了极大的关注。

到目前为止，比特币区块链使用 ECDSA（椭圆曲线）加密技术。但是，ECDSA 在执行多重签名时需要和签名数量匹配的人数，仅是签名数据就需要很大的数据容量。而且施诺尔签名可以将多个签名合并为一个，因此可以减小签名数据的容量。

实际上，如果要在比特币的区块链上实现施诺尔签名，需要先实现 SegWit，因此会花费更多时间。目前正在研究通过压缩数据来同时解决可扩展性问题和安全性问题的方法。

15.3.2 零知识证明

零知识证明是一种不公开所持有的信息，但是可以证明自己拥有信息的技术。根据这个技术，即使是有限的数据也能证明其正确性，所以被认为适合于分布式处理。

零知识证明已被用于匿名虚拟货币 Zcash 中，被称为 zk-SNARKs 的算法。该算法计划在以太坊的 Plasma 中实现。人们希望用于分布式的区块链技术和确保隐私及证明正确性的零知识证明这两种技术具有很好的兼容性，目前研究人员正在进行积极地研究和开发。

15.3.3 同态加密

通常，加密数据不能按原样像计算普通数据那样进行运算，必须先解密。但是，如果使用部分同态加密技术，则可以在加密时直接进行运算。这使得可以在利用区块链技术的分布性的同时，直接在网络上存储和检索加密数据。20 世纪时已经开发出了在加密时做加法或乘法运算的技术，到了 2009 年，C. Gentry 开发了一种全同态的加密技术，可以在加密状态下同时进行两种运算，打开了一扇新的大门。该技术的研发正在进行中，这将进一步扩展区块链技术的可能性。

本章习题

问题一

请选择一个关于可扩展性问题解决方案的错误描述。

（1）侧链技术。
（2）区块容量的扩展。
（3）量子抗性的提高。

问题二

请选择一个关于 Ethereum 和 IOTA 的正确描述。

（1）Ethereum 是比特币的侧链技术的一种。

（2）IOTA 是计划在 IoT 领域中使用的。

（3）Ethereum 和 IOTA 计划将来转向 PoW。

问题三

请选择一个关于加密技术的错误描述。

（1）施诺尔签名有望成为可扩展性问题的解决方案。

（2）Ethereum 也计划采用零知识证明。

（3）同态加密是一种自 19 世纪以来就存在但是没有兴盛起来的技术。

第16章 写给希望继续深入学习的读者

随着本书学习到这里，各位读者已经对区块链的原理以及发展有了进一步的理解。接下来，介绍一下更进一步深入学习所需要的知识。

16.1 尝试导入 Bitcoin Core

在本书中，我们学习了一种简单但是能够反映区块链机制的本质的内容。建议广大读者加入实际的比特币网络，直接感受区块链的活力。

16.1.1 什么是 Bitcoin Core

Bitcoin Core 是用 C ++ 编写的比特币客户端软件，受到众多希望连接到比特币网络的用户的青睐。Bitcoin Core 官网如图 16.1 所示。

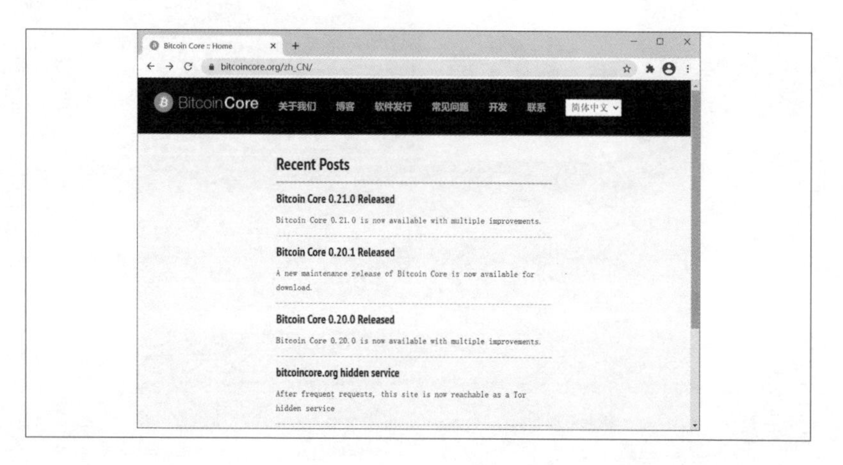

图 16.1　Bitcoin Core 官方网站

URL https://bitcoincore.org/zh_CN/

注：此图为2021年4月时官网的最新版本状况

16.1.2 安装 Bitcoin Core 时的注意点

安装 Bitcoin Core 需要满足一些要求。官方网站上所示的条件如下。

- 安装最新版本的 Windows、macOS 或 Linux 的台式机或笔记本电脑。
- 拥有每秒 100GB 的最小读取 / 写入速度，可访问的剩余磁盘容量为 200GB。

- 2GB 的内存（RAM）。
- 连接有每秒 400KB（50 千字节）以上上传速度的宽带网络。
- 可以无限连接，或者具有高上传限制的连接，或者可以定期监视以确保不超过上传限制的网络。对于具有高速访问性质的全节点，通常每月需要使用 200GB 或更多的上传空间。每月的使用量约为 20GB，并且首次启动该节点时的使用量约为 195GB。
- 保证每天能够有 6 个小时连续运行全节点。有时候可能会需要更长的时间，最好能保持节点连续运行。

来源 Running A Full Node
URL https://bitcoin.org/en/full-node

从这些条件可以看出，Bitcoin Core 的安装需要一定的规格和容量。由于全节点必须存储过去所有的区块数据和交易数据等，需要始终保持与其他节点的连接并进行数据交换。如果满足了这些条件，则可以下载到本地（例如自己的 PC）。考虑到便利性和可重构性，将展示一个使用 Amazon 提供的 Amazon Web Services（AWS）EC2 的示例。

但是，有两点需要注意。第一点是，AWS 是根据使用量付费的服务，根据使用的时间不同，收费会不同。请注意，如果使用本书中所用的空间，1 个月将发生 3000 ~ 6000 日元的费用。如果读者感觉已经达到了目的，即已经获得所需的数据或已经了解了该机制，则可以停止使用。

第二点是，有关 AWS 的服务和设置，请参阅 AWS 官方网站或者其他的文档说明。本书仅介绍启动 Bitcoin Core 的基本部分。

此外，由于本书中的演示是在 macOS 环境下进行的操作，因此，使用 Windows 或 Linux 的读者，请根据自己的 PC 环境参考相应部分的文档说明。另外，这次在 AWS 上选择 AMI 时选择了 Amazon Linux，由于它是基于 CentOS 的，因此也需要根据环境的要求来安装 Bitcoin Core。其他操作系统（例如 Ubuntu、macOS 和 Windows）的安装方法也各不相同，如果想要安装的读者，请查看 Bitcoin Core 官方网站。

16.1.3 安装方法

如果没有 AWS 账户需要读者注册一个新账户，请访问 AWS 网站获取一个账户。注册完成后使用账户登录到控制台，如图 16.2 所示。

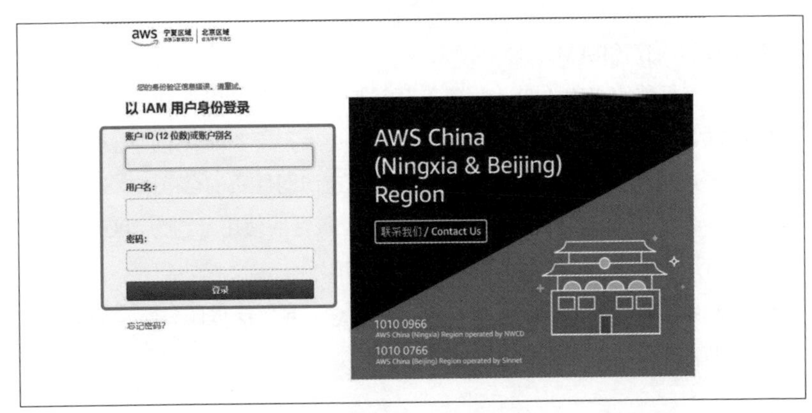

图 16.2　AWS 登录页面

在界面左上方的搜索栏中输入 EC2，或者单击服务，从服务一栏中选择 EC2，此时将显示 EC2 的管理控制器，如图 16.3 所示。

图 16.3　管理控制台的显示

然后，单击“启动实例”按钮以启动实例，如图 16.4 所示。

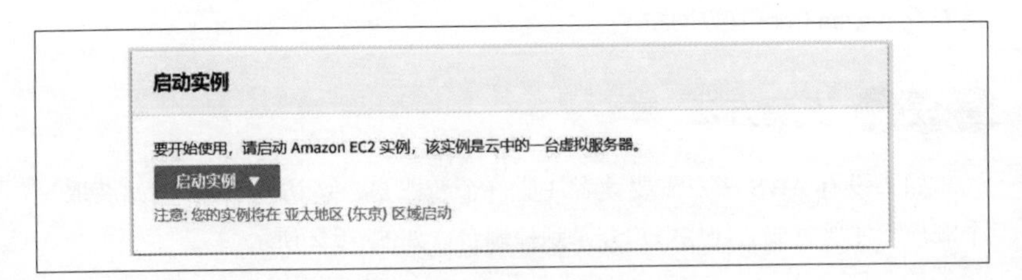

图 16.4　启动实例

单击 Amazon Linux AMI 2018.03.0（HVM），SSD Volume Type 后面的“选择”按钮，将其作为服务器映像（OS），如图 16.5 所示。

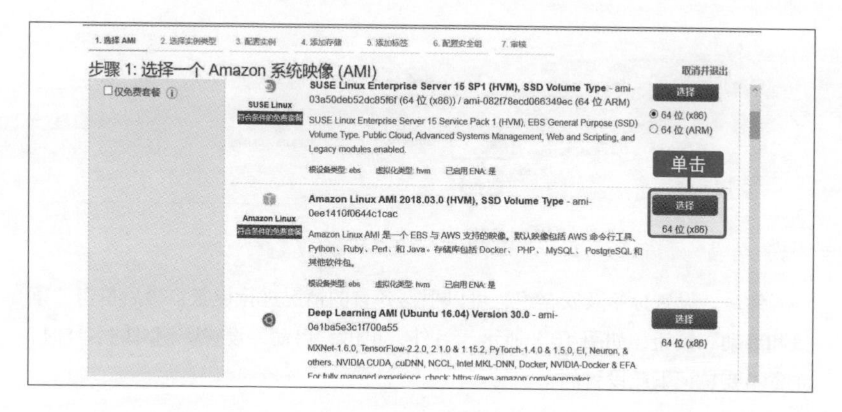

图 16.5 AMI 的选择

接下来，选择实例类型，在这里选择 t2.medium，如图 16.6 所示。选择此实例类型的原因是为了满足前面提到的 Bitcoin Core 启动所需的要求。

1. 选择 AMI　2. 选择实例类型　3. 配置实例　4. 添加存储　5. 添加标签　6. 配置安全组　7. 审核

步骤 2: 选择一个实例类型

Amazon EC2 提供多种经过优化，适用于不同使用案例的实例类型以供选择。实例就是可以运行应用程序的虚拟服务器。它们由 CPU、内存、存储和网络容量组成不同的组合，可让您灵活地为您的应用程序选择适当的资源组合。有关实例类型以及这些类型如何满足您的计算需求的信息，请参阅“了解更多”。

筛选条件: 所有实例类型　最新一代　显示/隐藏列

当前选择的实例类型: t2.micro (变量 ECU, 1 vCPU, 2.5 GHz, Intel Xeon Family, 1 GiB 内存, 仅限于 EBS)

	系列	类型	vCPU	内存 (GiB)	实例存储 (GB)	可用的优化 EBS	网络性能	IPv6 支持
	通用型	t2.nano	1	0.5	仅限于 EBS	-	低到中等	是
	通用型	t2.micro 符合条件的免费套餐	1	1	仅限于 EBS	-	低到中等	是
	通用型	t2.small	1	2	仅限于 EBS	-	低到中等	是
	通用型	t2.medium	2	4	仅限于 EBS	-	低到中等	是
	通用型	t2.large	2	8	仅限于 EBS	-	低到中等	是
	通用型	t2.xlarge	4	16	仅限于 EBS	-	中等	是
	通用型	t2.2xlarge	8	32	仅限于 EBS	-	中等	是

选择

图 16.6 实例类型的选择

单击“下一步”按钮后，跳转到“配置实例”详细信息页面。再单击“下一步”按钮，则跳转到“添加存储”页面，设置大小（GiB）为 300GB。在 2019 年 9 月，全节点为 200GB 左右，但是为了存储其他的数据，需要更多的容量，如图 16.7 所示。

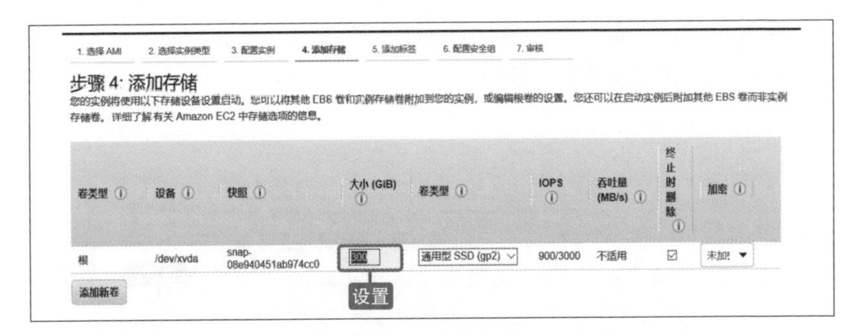

图 16.7　存储的设置

然后，设置标签及安全组，可以根据各自的情况进行设置，最后单击“审核和启动”按钮，如图 16.8 所示。另外，单击“启动”设置密钥对的名称时，注意不要忘记下载设置的密钥对。

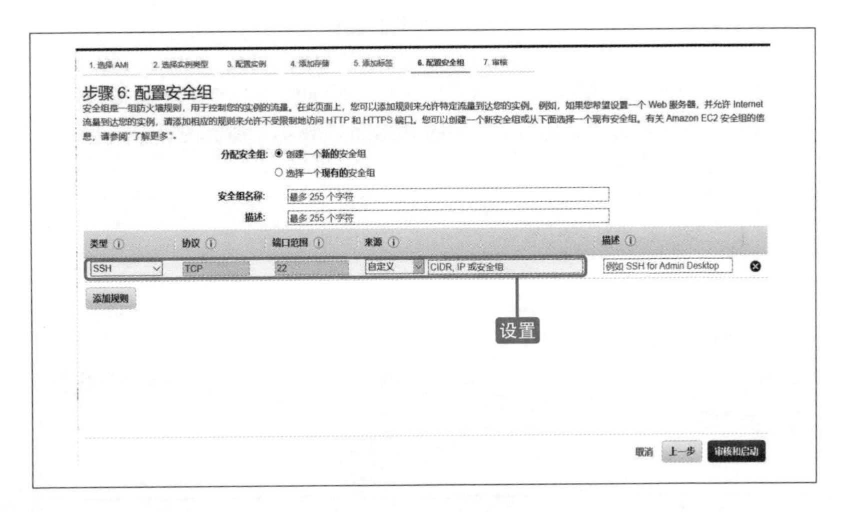

图 16.8　配置安全组

密钥对下载后，则从终端通过 SSH 通信（参考“说明”部分）访问实例。

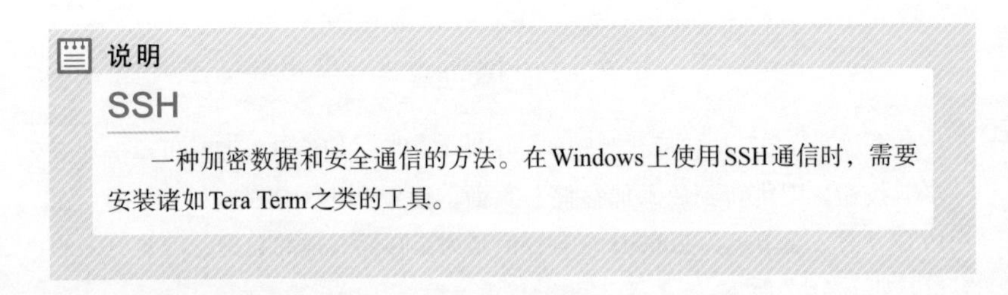

说明

SSH

一种加密数据和安全通信的方法。在 Windows 上使用 SSH 通信时，需要安装诸如 Tera Term 之类的工具。

进入密钥对文件所在的目录，然后执行以下命令。

●[终端]

```
$ ssh -i (密钥对名称).pem  ec2-user@(公有IPv4地址)
```

首次访问时，执行下述命令之后，再执行上述的命令。

●[终端]

```
$ chmod 400 (密钥对名称).pem
```

通过终端下载 Bitcoin Core 版本为 0.18.0 的压缩文件。如果要使用其他版本，请将 0.18.0 更改为相应的版本。

●[终端]

```
$ curl -O https://bitcoin.org/bin/bitcoin-core-0.18.0/➡
bitcoin-0.18.0-x86_64-linux-gnu.tar.gz
```

由于下载的数据是压缩数据，因此需要解压。

●[终端]

```
$ tar zxvf bitcoin-0.18.0-x86_64-linux-gnu.tar.gz
```

之后，使用下述命令执行安装。

●[终端]

```
$ sudo install -m 0755 -o root -g root -t /usr/local/bin ➡
bitcoin-0.18.0/bin/*
```

接下来，创建一个 .bitcoin 目录，并在该目录中创建一个名为 bitcoin.conf 的配置文件。

●[终端]

```
$ mkdir .bitcoin
$ cd .bitcoin
$ touch bitcoin.conf
```

不过，即使没有在 .bitcoin 目录中创建 bitcoin.conf 文件，也可以启动该守护程序，但是由于该守护程序是在未对交易建立索引的状态下启动的，因此无法正确地执行前面所述的命令。此外，由于无法自动生成 bitcoin.conf，因此请务必确保正确创建 .bitcoin 目录，并在该目录中创建 bitcoin.conf。

接下来，使用喜欢的编辑器编辑 bitcoin.conf，这里使用的是 vim。

● [终端]

```
$ vim bitcoin.conf
```

这里，按照如下内容编辑 bitcoin.conf 文件，就可以连接到比特币的主网。

● bitcoin.conf

```
mainnet=1
txindex=1

server=1
debug=1
rpcuser=自定义用户名
rpcpassword=自定义的密码
rpcport=8332
```

如果想要连接到测试网络，则按如下所示编辑 bitcoin.conf。

● bitcoin.conf

```
testnet=3
txindex=1

server=1
debug=1
rpcuser=自定义用户名
rpcpassword=自定义的密码
rpcport=18332
```

如果要用 vim 进行保存，则按 ESC 键并输入 wq。

接着，启动 Bitcoin Core 的比特币节点并连接到网络。可以使用如下命令启动守护程序。

●［终端］

```
$ bitcoind -daemon
```

如果要停止该进程时，执行以下命令。

●［终端］

```
$ bitcoin-cli stop
```

守护程序启动后，就已经开始同步了，因此，可以使用下述命令获取同步的区块的数量。如果在不同时间多次运行它，随着时间的推移，就可以看到更多的区块正在同步。

●［终端］

```
$ bitcoin-cli getblockcount
```

16.1.4 文件夹的说明

安装 Bitcoin Core 并启动同步后，各种数据将存储到 .bitcoin 文件夹中。这些数据如表 16.1 所示。

表 16.1　Bitcoin Core 的文件夹结构

名　称	内　容
banlist.dat	存储禁用节点的 IP 地址和子网列表
bitcoin.conf	Bitcoin Core 配置文件
bitcoin.pid	通过守护程序运行 bitcoind 时记录过程的文件
blocks/blk000??.dat	区块的原始数据
blocks/rev000??.dat	blocks 目录中存储的回退（undo）数据
blocks/index/*	用于存储已知区块的元数据和存储位置的数据的键值类型数据库
chainstate	压缩的 UTXO 及其交易元数据的 Key-Value 型数据库

（续表）

名　称	内　容
database	存储 Berkeley DB 日志文件的目录
db.log	钱包数据库日志文件
debug.log	记录与其他节点的交互和同步过程的日志
fee_estimates.dat	用于预测费用和优先级的统计数据
mempool.dat	内存池中的交易记录
peers.dat	记录对等信息以进行重新连接的存储
wallet.dat	用于存储密钥、交易、元数据和参数信息的 Berkeley DB 的数据库文件
.cookie	会话 RPC 身份验证 cookie。使用 cookie 身份验证时写入，关闭时删除
onionprivatekey	缓存的匿名通信服务中使用的私密密钥
testnet3	在 testnet 模式下启动 bitcoind 时的数据。testnet 模式是具有与实际网络相同的环境但是并不发生经济交易的网络
regtest	在 regtest 模式下启动 bitcoind 时的数据。Regtest 模式是可以创建自己的区块链或网络的模式
.lock	Berkeley DB 的锁文件

16.1.5 尝试获取数据

如果同步正常运行，则可以从命令行通过命令获取数据。

使用下述命令可以获得有关当前同步的区块链的信息。可以获得所连接的网络类型、已同步的区块数量和网络上存在的区块总数量等。

●［终端］

```
$ bitcoin-cli getblockchaininfo
```

使用以下命令，可以获得启动的节点连接成功时的对等体的数量。在比特币的 P2P 网络中，一个节点最多可以连接 8 个节点，因此一旦连接稳定，连接数量应该稳定在 8。

●［终端］

```
$ bitcoin-cli getconnectioncount
```

还有其他命令来获取各种数据。可以在 Bitcoin Core 的官方网站上进行查询，也可以通过执行以下命令来查看各种命令的使用方法。

●[终端]

```
$ bitcoin-cli help
```

可以尝试使用本书讲述的程序，使用从全节点获得的实际数据，以查看是否真正起作用。另外，通过获取 debug.log，也可以查看节点是如何与其他节点连接和交互的。尽管数据量会很大，但是可以通过真实地接触原始比特币数据来理解比特币区块链的机制。

还可以获取交易数据。可以使用以下命令获取交易的原始数据。

●[终端]

```
$ bitcoin-cli getrawtransaction {交易ID}
```

可以通过以下命令获取第 10 章中涉及的交易的原始数据。即使没有 Smartbit 这样的公开 API，只要建立了全节点，就可以仅使用手头现有的数据来检查数据的正确性。

●[终端]

```
$ bitcoin-cli getrawtransaction
0e942bb178dbf7ae40d36d238d55➡
9427429641689a379fc43929f15275a75fa6
```

由于原始数据的可读性很低，因此通常会将其转换为 JSON 格式。可以使用以下命令将数据转换为 JSON 格式。

●[终端]

```
$ bitcoin-cli decoderawtransaction {交易的十六进制数据}
```

以下的命令可用于检查指定区块的内容，可以获取存储在该区块中的交易以及前一个区块头的哈希值如清单 16.1 所示。顺便说一下，000000000000679c158c35a47eecb6352402baeedd22d0385b7c9d14a922f218 是区块高度为 111111 的区块头的哈希值。

●［终端］

```
$ bitcoin-cli getblock 000000000000679c158c35a47eecb6352402b➡
aeedd22d0385b7c9d14a922f218
```

清单 16.1　获取存储在区块中的交易和哈希值等

```
{
  "hash": "000000000000679c158c35a47eecb6352402baeedd22d0385➡

b7c9d14a922f218",
  "confirmations": 466925,
  "strippedsize": 3202,
  "size": 3202,
  "weight": 12808,
  "height": 111111,
  "version": 1,
  "versionHex": "00000001",
  "merkleroot": "a09442e76a15a77694b31c20a105ff5e2000ee4ec4d➡
7db42ecec1b56e041da32",
  "tx": [
"e7c6a5c20318e99e7a2fe7e9c534fae52d402ef6544afd85a0a1a22a8d0➡
9783a",
"3fe7ac92b9d20c9b5fb1ba21008b41eb1208af50a7021694f7f73fd37e➡
914b67",
"b3a37d774cd5f15be1ee472e8c877bcc54ab8ea00f25d34ef11e76a17ec➡
bb67c",
"dcc75a59bcee8a4617b8f0fc66d1444fea3574addf9ed1e0631ae85ff6c➡
65939",
"59639ffc15ef30860d11da02733c2f910c43e600640996ee17f0b12fd0c➡
b51e9",
"0e942bb178dbf7ae40d36d238d559427429641689a379fc43929f15275a➡
75fa6",
```

```
"5ea33197f7b956644d75261e3c03eefeeea43823b3de771e92371f3d63➡
0d4c56", "55696d0a3686df2eb51aae49ca0a0ae42043ea5591aa0b6d75➡
5020bdb64887f6", "2255724fd367389c2aabfff9d5eb51d08eda0d7fed➡
01f3f9d0527693572c08f6", "c8329c18492c5f6ee61eb56dab52576b1d➡
e48bbb1d7f6aa7f0387f9b3b63722e",
"34b7f053f77406456676fdd3d1e4ac858b69b54daf3949806c2c92ca70d➡
3b88d"
  ],
  "time": 1298920129,
  "mediantime": 1298915637,
  "nonce": 1118842632,
  "bits": "1b012dcd",
  "difficulty": 55589.51812686866,
  "chainwork": "000000000000000000000000000000000000000000➡
0000160d7f846af97ab0",
  "nTx": 11,
  "previousblockhash": "0000000000032f45710e7abd343e6450b9d➡
ec2684876852929f6f54184fff18",
  "nextblockhash": "000000000011d5533cc761e36eab351a92593df➡
d16c4c16b9076a4928c5c864"
}
```

16.2 自定义区块链

本书中实际生成了一个简单的区块链。下一步，建议大家对该区块链进行自定义。

16.2.1 本书涉及的普通区块链

在本书中，构建了一个普通的区块链，调整了其难易度级别，并实现了默克尔根来对其进行自定义处理，如图 16.9 所示。

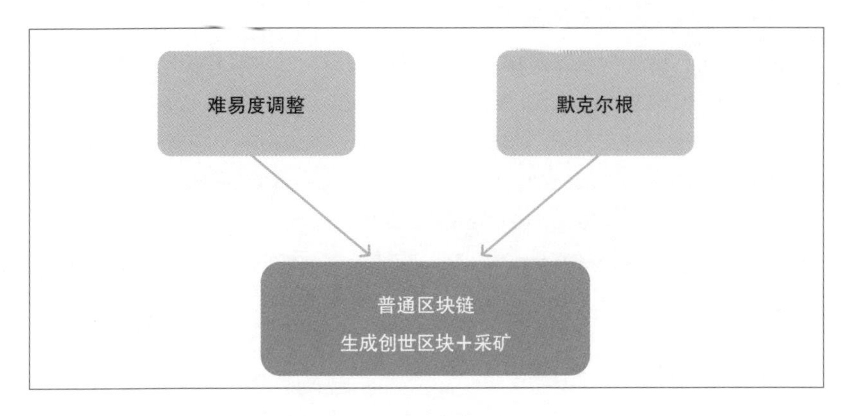

图 16.9　普通区块链的构成

当然，实际的区块链具有更复杂的结构，在安全性方面也很强大。此外，除了比特币区块链之外，还开发了各种各样的区块链，由于无法将其全部总结、列举出来，所以建议所有学习本书的读者可以根据自己的兴趣来对所创建的普通区块链进行自定义。这里介绍三个自定义的方向。

16.2.2 更加贴近实际

本次的普通区块链中并未包含钱包功能以及交易数据的生成功能。由于本书侧重于学习区块链的概要，因此为了避免书中内容复杂化，有意避开了这些区块链的功能。但是，如果读者已经熟悉本书的内容，则可以将书中的程序的功能修改为更接近实际的区块链，例如实现钱包功能和增强安全性等。

16.2.3 尝试通过其他语言实现

这里我们选择了 Python 语言来进行学习，用其他语言也可以实现同样的机制。Python 虽然是人气很高的语言，但是如果用同样受欢迎的 C 语言、Java、Ruby、PHP 和 JavaScript 等语言来实现的话，应该能够理解得更深刻。区块链中重要的一点是理解其本质的结构，只要能理解其本质内容就可以用其他语言来实现。另外，根据语言的不同，在开发中使用的便利且强大的程序库也不同，读者可以尝试去调查研究一下。

16.2.4 尝试采用新技术

与区块链相关的研究与开发正在以惊人的速度发展着，并且每天都会公布新的研究结果。鼓励那些通过实现普通的区块链并且理解区块链实质内容的读者，即使是实现部分的新技术也是很好的。由于加密技术、链下技术、侧链技术等方面的研究正在积极地发展中，因此在了解这些新技术针对的方向以及所要解决的问题的基础上，最好能够自己动手进行实际操作。

16.3 尝试挑战开发DApps

在对有关区块链的内容有了一定的理解之后，建议大家可以开发区块链的应用程序。如果大家已经学习到这里，则应该能够顺利地继续学习 DApps 的设计和应用。

16.3.1 DApps 的开发平台

根据不同的情况，DApps 开发的最佳平台是不同的，如表 16.2 所示列举了近年来最受欢迎的平台。

表 16.2 **平台型的区块链**

平　台	概　要
Ethereum（以太坊）	众所周知的公有链。截至 2019 年，众多的 DApps 和代币都是通过以太坊开发的
EOS	作为“以太坊杀手”而引起关注的公有链。具有比以太坊更高的处理速度的优势
NEM	使用自己独特的共识算法的平台。正在计划将来进行名为 Catapult 的更新，并且有望成为性能更高的区块链
Hyperledger Fabric	由 Linux 基金会（The Linux Foundation）发起并由 IBM 公司推动的联盟链。它有望应用于商业，并且由于其结合了共识算法等技术从而具有高度的自由度
Corda	由 R3 公司主导开发的联盟链。供商业使用，已被全球金融机构采用

16.3.2 平台的选择方法

开发 DApps 时智能合约是必不可少的，但是根据平台的不同，可以使用的语言也有所不同。以太坊需要用自己独特的语言，例如 Solidity 和 Vyper，但是 EOS 可以用 C 语言，Hyperledger Fabric 可以用 Go、Java、Node.js 等编写。平台的选择将取决于读者对编程语言的看法，是选择用熟悉的语言编写的平台，还是选择需要重新学习和使用的一门新的语言的平台。另外，还可以从平台拥有的用户数量以及平台与现有业务的兼容性等方面进行考虑。建议大家根据学习成本和业务策略等方面综合考虑，选择最合适的一种平台。

本章习题

问题一

请选择一个关于 Bitcoin Core 的正确描述。

（1）Bitcon Core 是由 Python 语言开发的。

（2）在 Bitcoin Core 中，能够建立全节点。

（3）Bitcoin Core 只能在 Linux 上运行。

问题二

请选择一个关于平台型区块链的错误描述。

（1）EOS 比 Etherm 具有更快的处理速度。

（2）NEM 计划在将来进行名为 Catapult 的更新。

（3）HyperLedger Fabric 是公有链。

结语

感谢您阅读本书。通过实际动手来学习看似难以捉摸的区块链技术，对于这种挑战您感觉如何呢？想必一定有一部分内容是需要多次阅读并实际动手运行代码后才能够理解的，所以请大家务必反复学习实践。

人们常说“区块链改变世界”，但主要取决于您如何学习和使用区块链。笔者所在的 FLOC 株式会社，为了使大家能更好地学习和使用区块链技术，开设了具有系统性和实用性的“FLOC 区块链大学”教育课程以及为用人企业与技术人员牵线搭桥的 FLOC agent。如果您对本书中介绍的区块链内容感兴趣，欢迎参加 FLOC 区块链大学的免费试听研讨会（https://floc.jp/trial/）。

FLOC 区块链大学校长乔纳森·安德伍德（Jonathan Underwood），同时也是一位行业一线的工程师，恭候旨在成为“创造未来的人”的您。希望有一天在某个地方能与您共事，成为朋友。

致谢

本书写作过程中，在 FLOC 株式会社经过了大量的讨论，得到了包括校对和代码审查等多方面的帮助，我（赤泽直树）作为执笔者，在此向 FLOC 株式会社的各位同事表示衷心的感谢。另外，FLOC 区块链大学校长乔纳森在区块链和 Python 方面为我提供了很多帮助，在此也一并表示感谢。

作者简介

FLOC株式会社

FLOC 株式会社是以“Create Creaters，创造未来的人”为使命的教育风险投资企业。除了开展教育业务的“FLOC 区块链大学”之外，还有介绍区块链技术人才和职业支持的 FLOC agent，以及运营作为区块链 × 商业活动的社区空间“丸之内 vacans”。我们将通过构建改变金融结构的区块链和分布式账本技术（DLT）平台，为金融科技、物联网、智能合约等第四次工业革命的发展做出贡献。

URL https://floc.jp/
URL https://vacans.tokyo/

执笔作者简介

FLOC区块链大学讲师　赤泽直树

区块链工程师。赤泽直树在以自由职业者的身份从事系统开发、AI 开发和数据分析时，对分布式系统，特别是区块链技术产生了浓厚的兴趣，希望通过教育培养出众多能够共同致力于区块链领域研究的工程师，从而加入了 FLOC 株式会社。赤泽直树在作为讲师的同时也参与了各类著作的编写工作，同时也是面向中高级开发者的新的教育内容制作人，另外，还在广岛大学研究生院博士课程后期进行研究活动。